大展好書 好書大展

婦幼天地

26

正確護髮美容法

山崎伊久江／著
陳　明　智／譯

大展出版社有限公司
DAH-JAAN PUBLISHING CO., LTD.

代序

我走過的路

●你的護髮正確嗎？

現代的人，不分男女老幼都非常關心美容修飾。關於頭髮保護的情況是同樣的，因而，保護頭髮用品之多，比起我剛做美容師時的情形，真是令人觸目驚心。來到我的美容室光顧的顧客，每一個人都是很愛修飾的，作爲一個從事美的工作者，自然是非常高興。

可是，對美容修飾的高度重視雖是很好的事情，然而一般大衆在頭髮保護方面，普遍都存在些許的誤解。

譬如，晨浴（morning shower）的流行，以致每天早上洗髮（shampoo）的人增加。若要我自對頭髮的研究來說，每天洗髮反而成爲損害頭髮的原因。而且使用的洗髮精的洗淨力也太强。洗髮之後，以吹風機（drier）來乾燥整形（blow），由於吹風機的使用方式，也造成了頭髮損傷的重大原因。

女性爲了乾淨，爲了擁有光澤柔潤的秀髮而甘心忍受痛苦是容易理解的，但如因而損害頭髮，那就大可不必了。

以本書裡，將我多年對頭髮的研究心得，作爲大家平常不經意的、認爲正確的護髮措施，而實際上是對頭髮有損害的，或者處理捲毛、分叉、頭皮的煩惱（trouble）上，加以對照，並檢查（check）看看。

●冷燙液（cold permanent wave）危險嗎？

我多年所做頭髮的研究，就是弱酸性美容法。作爲美容師的半輩子，說是伴隨著弱酸性美容法走過來的亦不爲過。

那個開端就是冷燙液的出現。

「用以藥來給顧客做電燙髮，真的不會傷害頭髮嗎？」

產生這樣的疑問是在西元一九四八年的事情。在當時係冷燙液取代電燙，而開始普遍化的階段。

美容師的功能，當然係提供顧客漂亮的髮型，但是徹底瞭解保持漂亮髮型的方法，我想比什麼都重要。雖是用化學的方法將冷燙液開發利用，而那種藥劑到底真的能保持髮型嗎？當時我想了一個辦法，對我來說一點也不擔心。

因爲我的美容室係位於文京區的白山，就在東京大學的附近，所以顧客之中就有些是東大老師的太太。我就對這些太太們說：「你先生在大學教那一門課？」我想透過太太們說不定就可找到能夠用科學性的觀點來幫我檢驗冷燙液的老師。

就這樣過了幾個月，終於得以碰到先生任教於東大的病理學教授的顧客。我就對這位教授夫人一再拜託，後來就順利的把冷燙液送進了東大病理學研究室做試驗。

然而，結果是被潑了冷水（shocking），病理學教授是這麼說的：「山崎小姐，雖然我對女性的美容是一無所知，而所謂的美容界正在使用可怕的東西喔！如果長期使用這種藥劑的話，將必使肝臟惡化。假使繼續使用這種東西，我將不准我老婆到你的美容室來。」

這時的衝擊（shock）正好把我推向對頭髮和健康沒有害處的燙髮液的研究上。

據那位教授說，在分析冷燙液的當兒，產生了強鹹性（alkali）的結果，而人類皮膚或毛髮係弱酸性，在鹹性時其構造就會變成非常的脆弱。

●強鹹（alkali）性對毛髮有害，……

「爲什麼要使用超過pH9以上的強鹹性液體在毛髮上？」對教授的這一問題，我竟無言以對。自此，我就以開發與人類皮膚或毛髮同屬弱酸性的燙髮液爲主要目標。

起初，先拜訪燙髮液的製造商，商量能否製造弱酸的燙髮液。所得到的回答是「怎麼會有酸性的燙髮液？如果沒達到　9以上的鹹性，燙髮液對毛髮沒有作用。也就是說，根本無法做燙髮。這不僅是日本業界，而是世界性的常識呢。酸性燙髮液在理論上是絕不可能的。」受到這個打擊，我還是不灰心，決心繼續做個人的研究。

●美麗還春

此後，就與各色各樣的人見面，這種見面對我的研究有所助益。歷經各種波折之後，弱酸性燙髮液完成的期限就要到來，終於在西元一九六二年，我就動身前往歐洲以美容先進國家法國（France）爲中心，考察歐洲的美容情形，最重要的還是想知道對方有沒有弱酸性燙髮液的研究結果。

歐洲的考察旅行獲致豐碩的成果。法國已經在做酸性燙髮液的研究，在我訪問的十年前，下了用酸性燙髮液是很難做燙髮的結論。獲悉此一訊息令我雀躍不已。

那是我開發弱酸性燙髮液完成日期之前說過的。如果確實能夠使它商品化，那麼我的研究開發應該可以是世界性東西。我就從歐洲的製造廠（maker）那裡要到了酸性燙髮液的研究資料，懷著興奮之情回國了。

歐洲考察旅行變成了大的跳板（springboard），次年的一九六三年，我的研究終於結果，弱酸性燙髮液、貝魯酒龐斯（Belle Juponse）完成了，貝魯酒龐斯這個名字，是赴歐時認識的法國人幫我取的，就是「美麗還春」的意思。

對冷燙液產生懷疑之後十五年，我終於完成了弱酸性燙髮液的產品化之宿願。

●讓頭髮復活

可是，說是弱酸性燙髮液完成之後，我的任務並沒有結束。弱酸性燙髮液在法國研究卻未做到商品化，其理由是燙髮是很不容易做的事情，也就是說，弱酸性燙髮液不會損害髮或頭皮的價值（merit）與不易做燙的缺點（demerit）吧！

法國美容界對弱酸性燙髮液不易做燙的結論，在我的想法大概是技術尚未成熟哩！

讓頭髮腐敗後由於在膨潤狀態來做波（Wave）的鹹性燙髮液，確實讓美容師容易做燙。法國的美容界以鹹性燙髮液的燙髮技術，可以說是靠化學功能的未成熟技術來試作弱酸性的燙髮液，而對弱酸性燙髮液不易作燙下了結論。

爲免重蹈法國人的覆轍，我於弱酸性燙髮液完成之後，致力於使用此種燙髮液純熟技術的推廣。到處舉辦說明會，講解頭髮及頭皮的構造，還有弱酸性的理論，以努力推廣弱酸性美容法及培養美容師。不做這樣的努力，那麼熬了十五年苦心開發出來的，讓頭髮復活的弱酸性燙髮液將無法存活。

●向健康的護髮前進

我的護髮方法的根本想法，是健康的護髮。我對開發弱酸性燙髮液注入的心血，也是這個理由。在屬於弱酸性的人類的髮膚上，不僅燙髮液、營養劑（treatment）、洗髮精、潤絲精（rinse）、染髮劑等等的護髮用品，全都屬弱酸性是件可喜的事。

因而，我的健康護髮法，也可以說是弱酸性護髮法了。

對讀者而言，我想以在店裡實際的問答實例較容易瞭解，故本書裡將他們的談話以Q及A的方式加以介紹。必定吻合你的煩惱，自己不希望有的頭髮煩惱，或想要事先知道的護髮常識，並能吸收頭髮的知識。

●只有美髮美人才是眞正的美人

我長時間的從事美容師工作，從許多顧客那裡接受了各色各樣的問題，經常被問到有關頭髮的問題，而加以說明，反而我想要向顧客請教的問題，卻一直存在我的心中。那就是，何以女性對臉非常留神，反而對頭髮卻不能與對臉一樣的用心。

經過細心打扮的臉，身上穿著最時髦的服飾、話講個不停，連同性的我也讚嘆的美麗女性，很多來光顧我的店，可是，這樣的女性的頭髮，一抓在手上，既無粘性，也有分叉，不健康的膚色，且頭皮屑多的人，是經常發現的。

每次碰到這種情形，我都會可憐那個人的頭髮。雖然臉蛋、穿著、手上戴著金飾，爲何單單讓頭髮非落到這樣可憐的地步呢？

相反的，在臉上僅上了幾乎看不到的薄妝，穿著素色的簡單（simple）衣服，其髮柔軟烏黑，不分叉不斷毛，膚色看起來健康，我就會很快樂。因而，内心中對這樣的頭說：「此人的頭髮真棒，這樣的被愛惜。」

本書所述，具有其中一些的人，對頭髮而言，似乎不必向它的主人道謝。由於錯誤的護髮會產生若干煩惱，我想在本書中的實例會讓你產生共鳴。

我想，在此所介紹的問題消失係護髮的常識普及。也就是說，有什麼困擾產生時，並不是需要護髮，而是讓頭髮健康，保持最佳狀態，那才是護髮的意義。

請將這事銘記在心，然後再看此書。

山崎伊久江

2 喚回頭髮的精神 梳髮與吹風的技術

4 以正確的護髮讓皮膚回春

5 喚回頭髮的健康
由新理論產生的護髮秘訣

你知道嗎？

◉洗髮的理想次數是一週一～二次。

◉過熱的水和鹹性洗髮精是頭髮大敵。

◉用毛巾搓揉濕頭髮是造成分叉、斷裂的原因。

◉洗髮精以一比五的比例稀釋較好。

◉髮霜必須只塗抹於髮梢。

Shapoo & Rinse

1

不知就很可怕的

洗頭與潤絲常識

●每天洗頭對洗髮不好嗎？

我每天早上，把淋浴洗頭當每天必作的事。得以全身乾淨，頭腦清醒、精神愉快地去上班，可是，實在感到頭髮蓬散並有分叉。我周遭的人，早上洗澡洗頭的人很多，請問，每天洗頭對頭髮好還是不好？

◎洗頭的理想次數為每週一至二次

A

以女高中生爲主，每天洗頭的人在增加中，洗髮精的宣傳，即使每天洗頭也不會傷害頭髮，幾乎已成爲社會輿論（appeal）。但是，每週一至二次洗髮，對頭髮而言是最佳的步調（pace）。從人類的皮膚分泌的皮脂，首先覆蓋在頭皮上，而達到毛髮末端也需要三天的時間，每天洗頭的話，這些皮脂在頭皮處被洗掉，毛髮末端將不會有皮脂到達，這是不能忽略的。

每天洗頭時，使得頭皮及毛髮濕潤光澤的皮脂，就被洗髮精洗掉流失了，頭髮當然會變得蓬散。失去皮脂的頭皮就變得慢性的乾燥狀態，自然就容易起頭皮屑了。

運動（sports）的人最近也增加了，運動後出了汗，而就想要洗頭。即使如此，還是請控制在每週洗頭一至二次。

出汗後洗髮不要使用髮精，用溫水洗髮，潤髮則在溫水中滴下幾滴山茶油來使用。如此，出汗後的頭髮也很乾淨，溫水中不會流失過多的皮脂。而且，山茶油的潤絲會使頭皮及毛髮潤絲與光澤。

每天洗髮或許會精神愉快，但對頭皮及毛髮會造成傷害（damage），故不應贊同。

★一週洗頭一至二次
SHAMPOO DAY!!
日 一 二 三 四 五 六
○ × × × ○ × ×
過度洗頭時會使頭髮滋潤與光澤的皮脂流失。
運動後以溫水之山茶油潤絲，很舒爽。
潤絲

●正確的洗頭方法是洗二次嗎？

正確的洗髮法是洗二次，也就是首先僅將頭髮粗略洗洗，洗後，再將頭皮與毛髮慎重的洗，這是以前我的朋友告訴我的。此後洗頭都洗二次，可是都受到頭皮屑多的困擾，何以即使洗二次頭的方法，還是會長頭皮屑呢？

◎告訴你正確的洗頭方法吧！

A

頭髮洗二次是無意義的，加上，如果洗髮精是鹹性的，只會增加頭髮及頭皮的損耗。而且，頭皮屑是人類皮膚泌出的皮脂覆蓋在頭皮上，不易掉落的，頭皮上會因洗頭而喪失皮脂，一乾燥就會產生頭皮屑。

現在告訴你體恤毛髮的正確洗頭方法吧！

●第一　洗頭前在頭皮上將髮霜（haircream）充分的拌勻。

●**第二**　用自然材料做的梳子（黃楊、梅、竹、鼈甲等）搔頭按摩（massage）。

●**第三**　用專用的刷子刷毛（brushing），讓灰塵及污垢掉落，並可去除掉落的頭皮屑。

●**第四**　用溫水漂洗（與體溫相同的三十八度左右，頭髮的主要成分蛋白質不耐熱），如此當可洗去污垢的百分之九十。

●**第五**　把弱酸性洗髮精稀釋後用來洗頭，通常油性皮膚的人稀釋五倍，乾性皮膚的人稀釋十倍來使用。雖是屬弱酸性的洗髮精，若不予以稀釋，濃度太高，還是會對頭皮、毛髮造成强烈的刺激。

●**第六**　稀釋的洗髮水先從髮際到耳朵附近抹上，並讓它流向頭頂，弄成泡沫來洗。頭頂是最容易掉髮的部位，直接擦上洗髮水經常會禿頭。請務必摸在髮際，千萬不可將洗髮水塗抹頭頂。

爲了避免指甲刮傷頭皮，請用指頭的掌面搓洗，而不要讓指甲接觸頭皮。而且抓著髮梢搓洗時，會讓保護毛髮的表皮（cuticle）脱落，而產生分叉及斷毛的情形。從髮根向髮梢，也就是沿著表皮的方向，輕輕地洗吧！

長髮（long hair）的人，在洗髮水起泡後用黃楊等天然材料做的大齒梳子，從髮根向髮梢小心翼翼的梳開來洗。

●**第七**　再來就是清洗，如是使用臉盆，那就加滿溫水，讓頭髮在臉盆中泡一下。如是使用淋浴，就讓水往髮根流向髮梢。

清洗是很重要的工作，徹底地清洗將洗髮水完全清掉。有人認爲弱酸性的洗髮水不易去除污垢，才會造成頭皮屑、頭皮癢，其實那是清洗不夠的原因。

●**第八**　清洗完畢後，用冷水使頭皮及毛髮緊縮。

●**第九**　用潤絲精做最後處理。

以上就是保護頭髮正確的洗頭方法。你以前洗頭的做法沒做錯吧！錯誤的洗頭方法，用再貴的洗髮精也是沒有用的，每做一次洗頭，頭髮就遭受嚴重的損傷，請務必把這一洗頭方法精通！

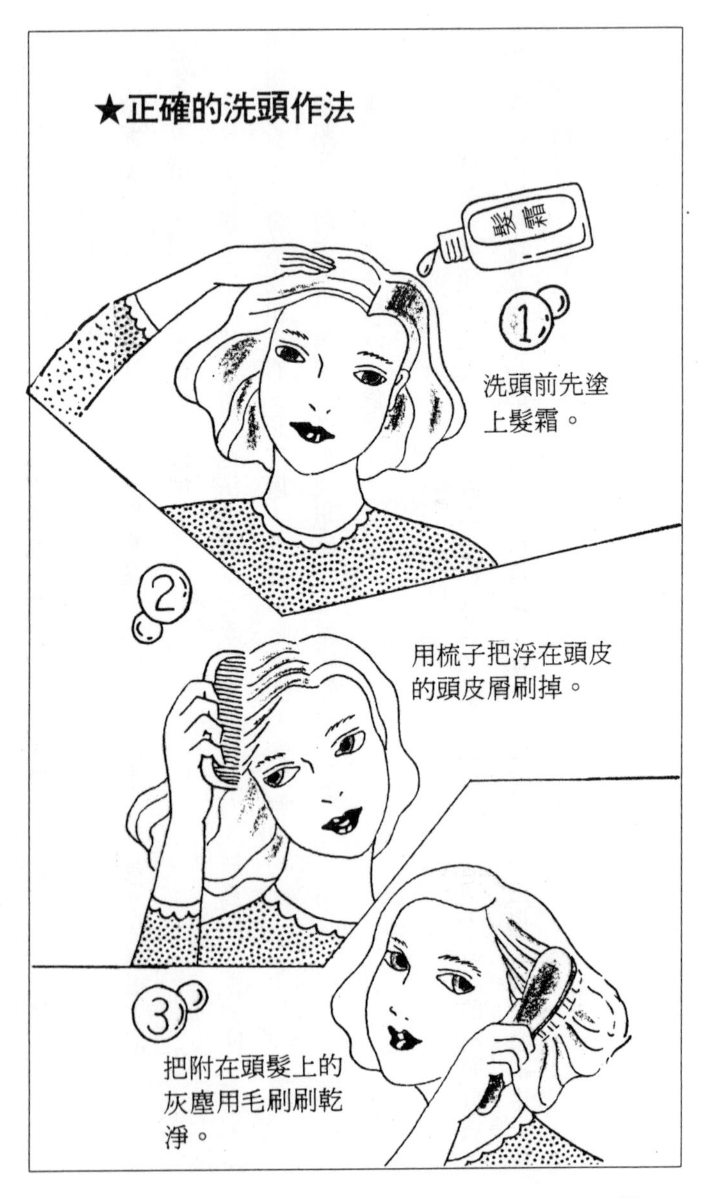
★正確的洗頭作法
髮霜
①
洗頭前先塗
上髮霜。
②
用梳子把浮在頭皮
的頭皮屑刷掉。
③
把附在頭髮上的
灰塵用毛刷刷乾
淨。

④
用溫水沖洗。
38°C
⑤
把洗髮精稀釋5～10倍再用。
Shampoo
⑥
從髮際至耳根附近抹上。
不要傷到頭皮的洗。

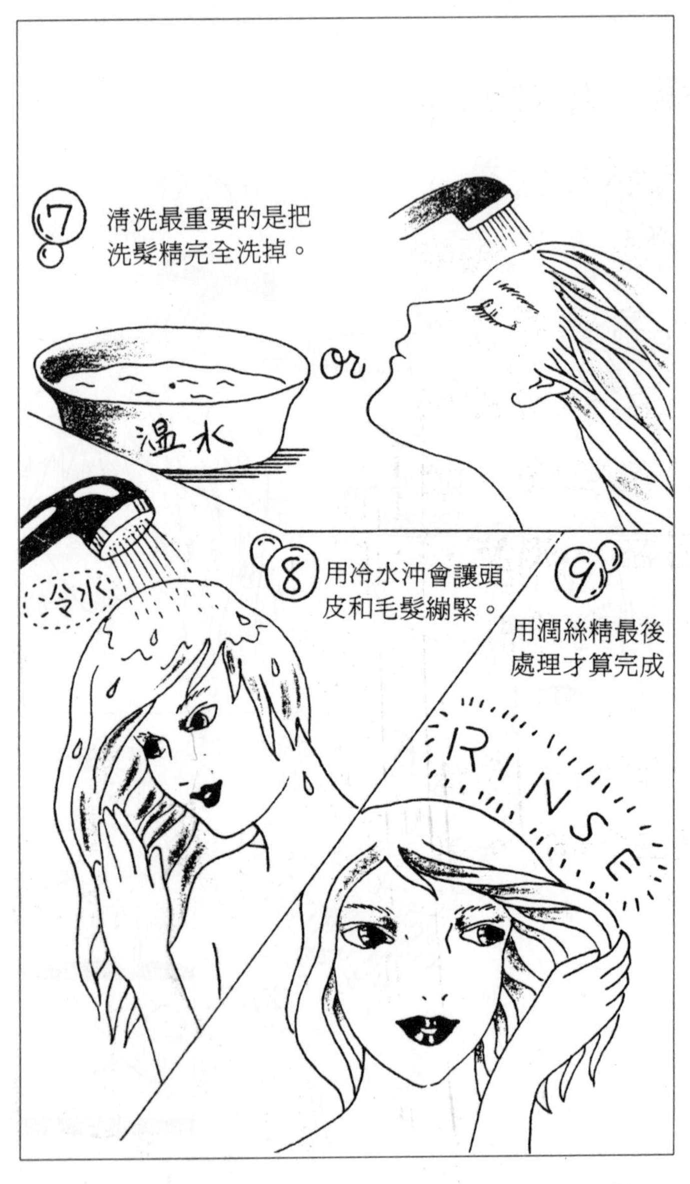
7
清洗最重要的是把
洗髮精完全洗掉。
溫水
Or
冷水
8
用冷水沖會讓頭
皮和毛髮繃緊。
9
用潤絲精最後
處理才算完成
RINSE

●頭髮沒有光澤是用的洗髮精不對嗎？

想要特別留神的護髮，洗髮後潤絲，再塗上髮霜。而且在梳髮時使用噴霧式（spray）髮型液，就這樣的注意護髮，可是頭髮還是沒有光澤。是洗髮精不適我的髮質嗎？

⊙使用弱酸性的洗髮精、潤絲精吧！

A　最近，有很多人跟你一樣，非常用心護髮，卻爲頭髮沒有光澤而煩惱，而使用著電視經常廣告的洗髮精、潤絲精。可是，如果洗髮精、潤絲精是鹹性，將是傷害頭髮的重大原因。自己使用的洗髮精、潤絲精到底是鹹性、還是酸性的，應該加以檢查，一定要使用酸性的。最近在洗髮精、潤絲精的瓶子上有標示弱酸性的已在增加中。

如果你能買到弱酸性的來用，你將恢復擁有光澤的秀髮。

由於洗髮精是護髮的根本，選擇洗髮精與潤絲精也可說是漂亮秀髮的初步。從電視廣告中，透過你的眼睛注意有沒有弱酸性的標示來加以選擇吧！

●洗髮的CF電視廣告影片所提的表皮是什麼呢？

洗髮精的電視廣告影片中有「保護表皮」的商品，所謂的表皮是什麼呢？且廣告中強調沒有保護表皮會使髮質惡劣，請說明是怎麼回事？

A

⊙保護表皮就是護髮

所謂表皮，用專門性的說法，就是毛的皮膜，由髮根到髮梢的鱗片狀物質。也許是有些困難度，我想要護髮而事先瞭解毛髮的構造是沒有壞處的。

從毛髮的橫切面來看，就可知道毛髮是由三個部分組成，且把毛髮的橫切面想像成葫蘆乾的海苔壽司，較容易瞭解。海苔壽司的葫蘆乾相當於毛髮中心部位的髓質細胞。海苔壽司的米飯相當於皮質部，外側的海苔部位，就是你所問的表皮了。

鱗片狀的毛皮膜，也就是表皮，就像魚鱗，魚鱗緊緊的包在一起，魚就活得很好，相反的，魚鱗鬆弛或剝落時，不僅活得不好，恐怕是生病了。

魚鱗鬆弛或剝落是在魚身上魚鱗的基部没粘緊。毛髮與魚鱗是同樣的，毛皮膜剝落時就受傷了，而毛髮的死敵——海水、陽光、細菌就利用這機會侵入了，損害皮毛的鹹性洗髮精也侵入了。

毛髮的鱗片剝落後，對毛髮有損害的物質就從這個傷口進入毛髮內部而到達毛髮中心的髓質細胞，毛髮就從這裡斷毛或分叉。毛皮膜——表皮的維護對毛髮是很重要的工作，應該可以清楚了，所以，你所看到的電視廣告應該是告訴我們正確的知識。

★頭髮在電子顯微鏡下的照片

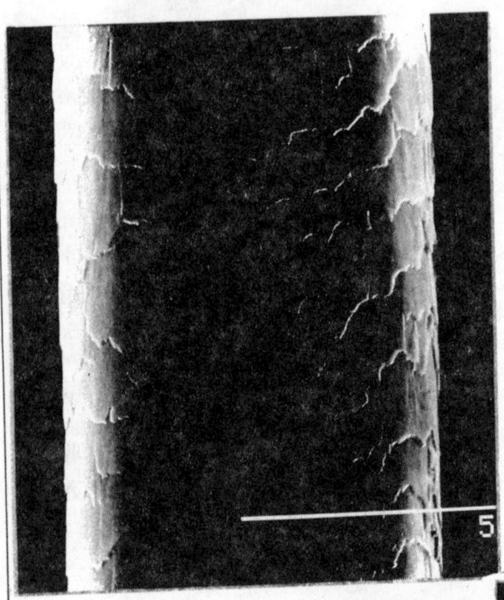

毛皮膜完整的是健康的毛髮。

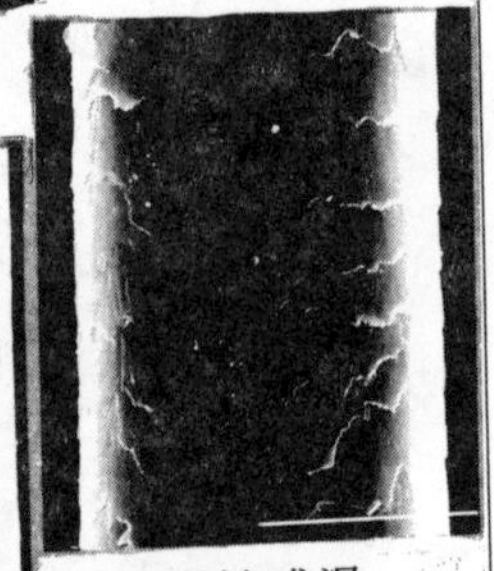

受洗髮精或燙髮液損傷的毛皮膜會裂開。

受染髮劑損傷的毛髮沒有毛皮膜。

損傷的髮梢。

●熱水淋浴與薄荷油洗髮精好還是不好？

由於低血壓而精神差，所以，早上熱水淋浴是每天必做的工作，淋浴時，當然也洗頭，為了提振精神，經常使用男性用的含薄荷油（peppermint）洗髮精，這會使頭腦清楚、精神舒暢的刺激而愛不釋手。

使用摻有薄荷油的洗髮精已有一年了，最近感到毛髮粗糙，果真如此的話，這種洗髮精不就對毛髮有害了嗎？

⊙熱水與鹹性洗髮精是毛髮的大敵

A

低血壓的人每天早上都很難過。因而淋個熱水浴的心情是可想而知的。為了毛髮，千萬別碰熱水。皮膚的感覺稍溫的三十八度左右，對毛髮是適溫。對頭皮有刺激的摻薄荷油的洗髮精，如果是鹹性，應馬上停用較好，如已習慣於刺激性強的東西而不用，也許會感到不舒服，重視毛髮的話，反而用沒有刺激性的較好。告訴你讓精神舒暢的潤絲做法。取檸檬片二、三片放入水中，以此來清洗，檸檬的清香刺激，讓你精神舒暢，且檸檬的潤絲精是弱酸性，對毛髮特別有助益。

★熱水是毛髮的大敵

雖然對低血壓的人早上精神不好，沖個熱水澡會舒服些，但還是應該再考慮考慮。

★輕鬆醒來的潤絲
弱酸性的檸檬潤
絲液舒爽清香的
刺激心情愉快。
潤絲
38°C

●維護毛髮的美觀要使用自然的材料

為了健康常吃自然的食物，主食為糙米，並以蔬菜為主，以前我很容易感冒，胃隱隱作痛的經常生病，靠著自然食物，現在已完全康復了。

不僅是吃的，美容用品也要用自然的東西，但都沒有很中意的，尤其是洗髮精，總買不到我要的。

◎請使用單純用蛋白做成的洗髮精

A

人類的毛髮與皮膚同樣是蛋白質所構成，以此一觀點看，在頭髮上使用也是蛋白質本身的蛋白做成的洗髮精，應該是不錯的，既是自然的（natural），洗淨力弱而不會過度洗去皮毛上的皮脂，安心使用，對要維護秀髮美麗的人及乾性髮質的人，這是最恰當不過的洗髮精。

蛋白洗髮精的製造法

蛋白使用量　短髮的人用三個蛋，長髮的人用四～五個蛋左右。

製造法　在起泡器中攪拌後就可使用，沒有起泡器的人，將幾根筷子綁緊用來攪拌久一些就好。攪拌時要注意，不可過度攪拌產生很多白泡。產生白泡就是空氣跑進蛋白中的證據，空氣跑進蛋白時，不會與毛髮溶合，不好洗。

其次是洗髮精的製法，只用攪拌過的蛋白洗髮雖是不錯，而使用蛋白洗髮精必須留心的，爲水的溫度，溫水恰以人類體溫爲上限，超過這溫度的熱水特別會讓作好的蛋白凝結，會粘住頭髮，如此就很不容易洗掉，請特別注意洗澡水的溫度。

鹹性的洗髮精或電燙液雖可使受損的毛髮還春，而這種蛋白洗髮精非常有效。將弱酸性洗髮精一起使用，來作爲自然的蛋白洗髮精時，毛髮會亮麗得讓人認不得。對傾向自然派的人，當然認爲毛髮不可受損的人，就請用蛋白洗髮精吧！

★蛋白洗髮液的製造法

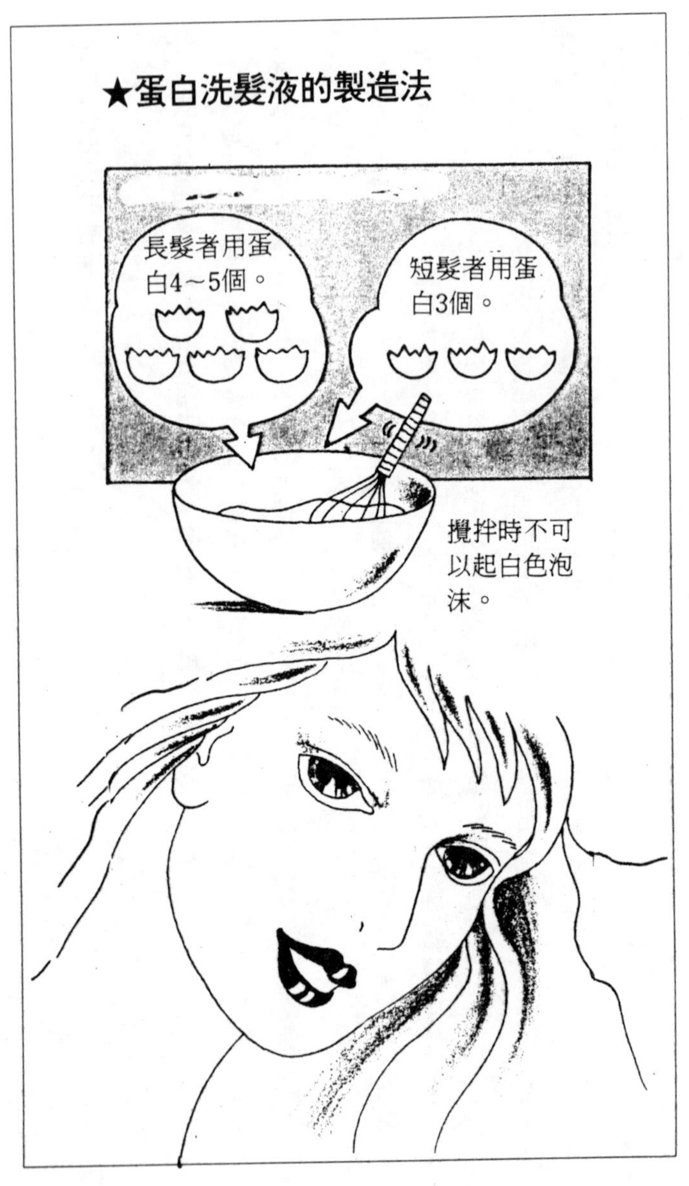

●請教洗髮後的毛巾（towel）使用法

Q

我是不使用毛巾而讓頭髮自然乾燥的，但由於太花費時間，為了讓毛髮快點乾而用毛巾搓揉。長髮的關係，不這麼做不易乾。

可是在美容院洗頭，只將毛巾包住頭髮，不搓揉毛髮。

在美容院是使用吹風機，這麼做可以嗎？如要讓它自然乾燥，該怎麼辦？

請教好的毛巾使用法。

◎用毛巾搓揉是造成分叉、斷毛的原因

洗髮精或營養劑(treatment)都很花錢，即使留心護髮，頭髮的乾燥方法千萬不可弄錯，頭髮的乾燥方法在護髮上是很重要的一件事。

洗頭後，頭髮是濕的，用大毛巾將整個頭包起來，從外部把水分擠出吸乾。長髮的人在這一步驟後，解開毛巾，將頭髮長的部分包起來，順著髮梢的方向輕輕的往下拍，這樣就可使長髮的人在較短的時間內把水分吸掉了，接下來讓它自然晾乾。

若是毛巾將頭髮搓揉是最要不得的，因爲那樣做是造成分叉及斷毛的原因。在毛巾上壓或拍，自然的把水分吸到毛巾上。又搓又揉的將使頭髮大大受損。

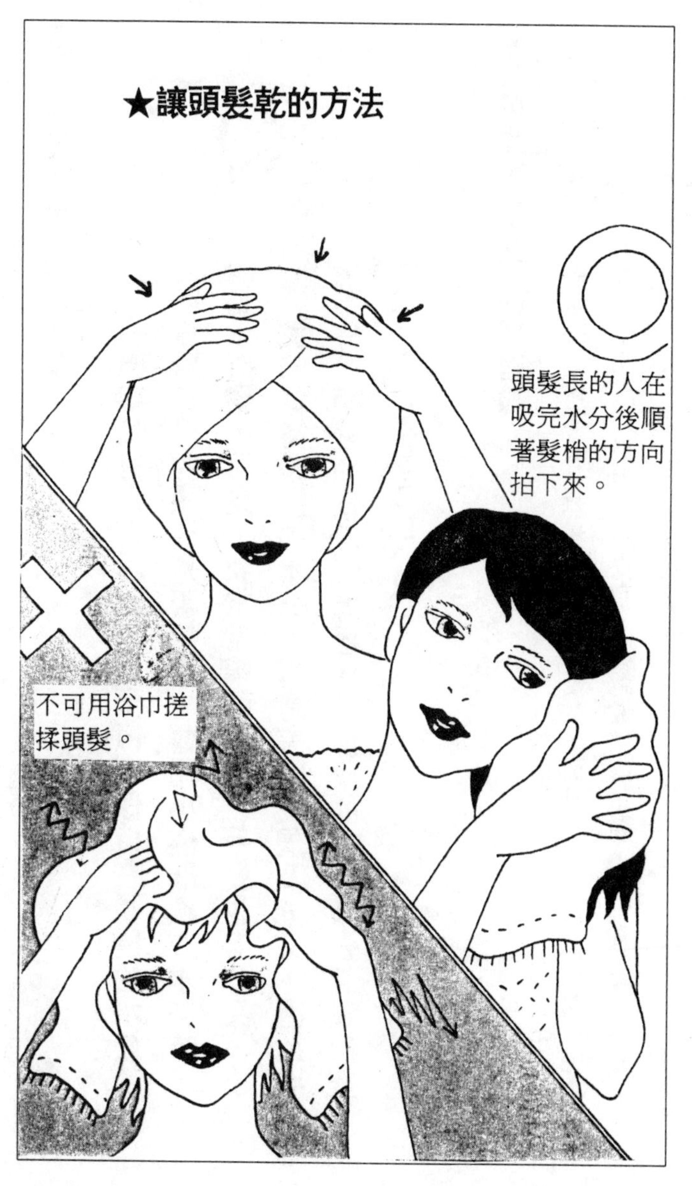
★讓頭髮乾的方法
頭髮長的人在
吸完水分後順
著髮梢的方向
拍下來。
不可用浴巾搓
揉頭髮。

●頭髮的健康應如何檢查？

在美容院有人告訴我，只要檢查保持在頭髮的水分就可以瞭解自己的頭髮是否健康。曾用小儀器檢查水分時，說是沒問題，可是，我常常掉頭皮屑，毛髮也有分叉，小心翼翼的保持頭髮的水分，還是有頭皮屑及分叉，因此心情不好。頭髮的情況，怎樣才是健康的呢？請告訴我檢查基準（check point）。

◎頭髮健康檢查的四個階段

A

的確，光以頭髮的保水量是無法量出健康度的，而且，正確的說法是，頭髮的保水量，其實是從頭皮分泌出來的皮脂，所謂滋潤的頭髮，並不是有沒有水分，而應該說皮脂覆蓋在頭皮及毛髮之上的情況。

頭髮的健康檢查分爲四個階段，請自行檢查看看。

●第一階段　頭皮色澤是蒼白而透明者爲健康，這種的毛根牢固，毛髮有光澤。

●第二階段　頭皮發青無透明，有輕微的困擾，頭有些癢及少許頭皮屑。

●第三階段　頭皮帶點黃色，經常頭癢，頭皮屑多，衣服的肩部及背部都掉滿頭皮屑，頭皮的毛細孔幾乎塞住了，皮膚無法呼吸。

●第四階段　頭皮爲茶褐色，洗頭或梳頭時掉髮嚴重，毛細孔完全封閉，頭皮屑重疊好幾層粘在一起。這樣的情況，頭皮已完全變成缺殘狀態，頭不覺得癢，毛髮掉得很少，對頭髮而言已經到了末期狀態了。

這四個階段的檢查中，如果屬於第二階段，改換用弱酸性洗髮精或潤絲精。以前述正確的洗頭法來洗頭，可以回復到最健康的頭皮和毛髮。如果已經到了第三、四階段，必須用弱酸性美容法來促進頭皮的新陳代謝，當然也要用弱酸性洗髮精及正確的洗頭法來洗頭。然後對塵封的毛細孔大掃除，充分地讓氫離子發揮作用，請使用弱酸性的整髮液及燙髮液。

如果已經是第三、第四階段，還是使用鹼性洗髮精，鹼性的冷液（cold）電髮，皮毛將更徹底的受到摧殘，由缺酸狀態導致新陳代謝停止，毛髮就無藥可救了。趁還來得及的當兒，使用正確的護髮與弱酸性美容法來喚回頭髮的健康。

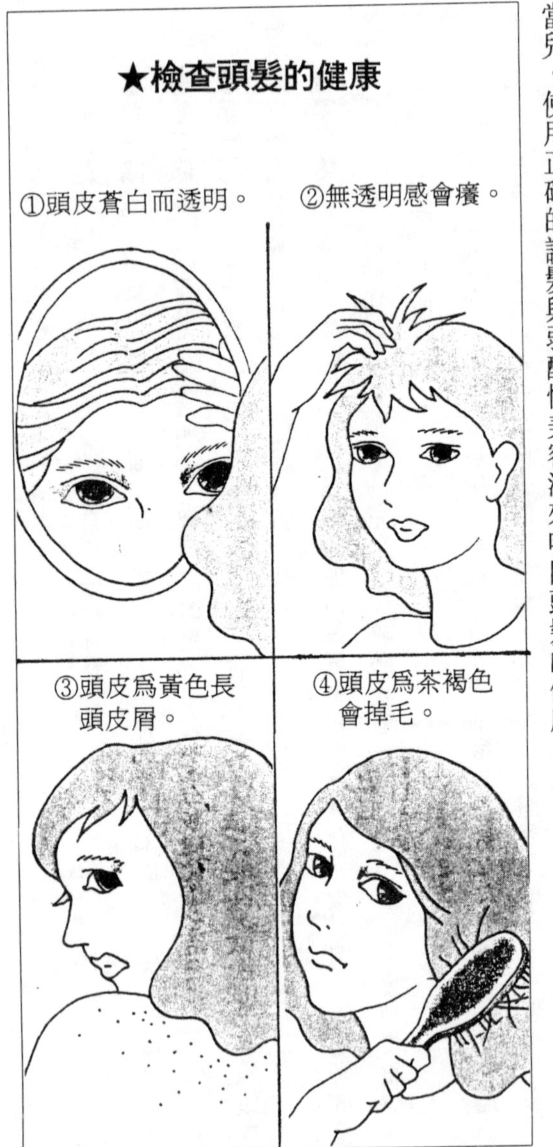

●防止頭皮屑、頭皮癢的洗髮精無效

Q

雖然買得到洗髮用品，而目前對我最有效果的也不能消除頭皮屑，洗頭後隔天還不會頭皮癢，忙起來二、三天不洗頭，就會癢得受不了。

雖然我也認為洗髮精是不能消除頭皮屑和頭皮癢，仍姑且使用對頭皮屑、頭皮癢有效的洗髮精，難道我的頭皮屑和頭皮癢的性質使洗髮精無效嗎？真令人擔心，到底是怎麼回事？

⊙洗髮精不能消除頭皮屑與頭皮癢

最近推出了形形色色的洗髮精，消除頭皮屑洗髮精也只是其中一種，先從結論來說吧！頭皮屑、頭皮癢不會用了洗髮精而消失。

頭皮屑是新陳代謝後向頭皮外部排出的蛋白質堆積物，也就是老的蛋白質，而洗髮精的功能是洗掉頭髮與頭皮表面附著灰塵和污垢，是不能溶解蛋白質的。

老的蛋白質堆積在毛細孔是不容易去除的，進而使用鹼性洗髮精，頭皮會堆積得更嚴重，對於易長頭皮屑的頭皮，無疑是雪上加霜。

然而，弱酸性整髮對這種老的蛋白質具有消除的功能，毛髮的老化是由毛細孔阻塞開始的，弱酸性整髮提供了毛細孔氫離子，給你做毛細孔堆積的頭皮屑——老的蛋白質大掃除。

經常會頭皮癢、長頭皮屑就是你的毛髮、毛細孔、頭皮的新陳代謝進行不順利的證據。只靠洗髮精，毛細孔仍然堵塞，頭皮屑大量堆積，頭皮及毛髮因而衰敗，在還來得及時，請務必以弱酸性整髮來給毛細孔做大掃除。

★頭皮屑、頭皮癢的問題
弱酸性
洗髮精
整髮
在毛細孔塞滿
老的蛋白質是
原因。

●弱酸性洗髮精去污力差

聽說弱酸性洗髮精對毛髮好，就馬上買來用，發現起泡少去污力差，去污力差不是反而對頭髮產生不良影響嗎？

A 對習慣使用鹹性洗髮精的人而言，也許不會喜歡弱酸性洗髮精，還是請改變對洗髮精的看法。

◎縱然泡沫少，污垢如期脫落

弱酸性洗髮精泡沫少，證明並沒有過多的洗淨力，只會把必須去除的污垢洗掉。相反的，能產生大量泡沫的鹹性洗髮精，洗得太徹底，而把保護頭髮的皮毛膜及作爲頭髮營養的皮脂一併沖刷掉，何者對頭髮有益，明白了嗎？

還有一件重要的事，認爲弱酸性洗髮精泡沫少的人，往往在清洗時隨便洗洗，還是徹底的清洗吧！泡沫再少的洗髮精也會殘留在頭髮上，如不把它清洗乾淨，就會損害髮質。

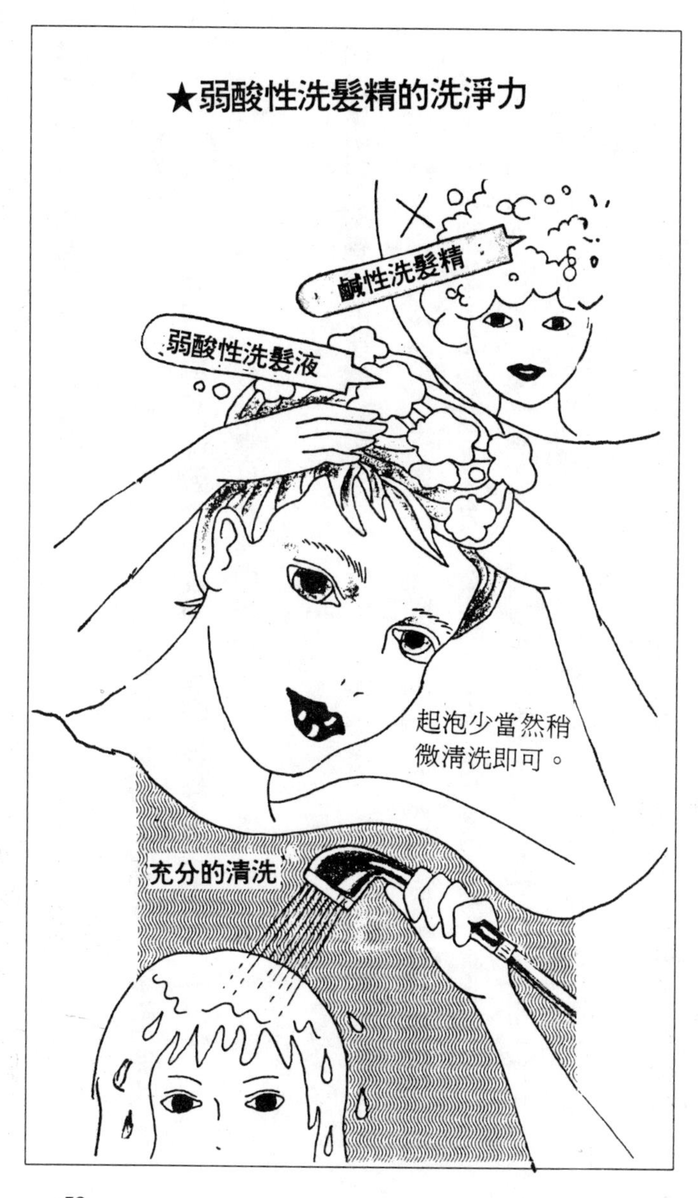
★弱酸性洗髮精的洗淨力
鹼性洗髮精
弱酸性洗髮液
起泡少當然稍
微清洗即可。
充分的清洗

●使用價錢便宜的洗髮精會長頭皮屑

在領薪水前幾天，手頭較不寬裕，而買了比平常使用的還便宜的洗髮精而後悔，是因為長了頭皮屑。洗髮精還是應該用貴的嗎？

⊙選購對皮膚有益的比價錢重要

A

一般對化妝品或護髮用品懷有錯誤觀念之中，許多人認爲價錢貴的東西好，這就大錯特錯了。比起價錢貴不貴，還不如合不合使用者的皮膚來得重要。

人類的毛髮、頭皮、臉皮都是蛋白質構成的，屬弱酸性，鹹性的洗髮精，即使價錢貴，一樣會傷害毛髮與頭皮。如果是弱酸性的，係與皮毛同性質，再便宜的也不會造成强烈的刺激。

高級洗髮精、化妝品是恰如其分的摻入最好的成分吧！但如果以不適合皮毛的鹹性爲

★貴的洗髮精較好嗎？

主要成分的話，其他再好的成分在裡面對我們也是毫無意義。

請先把價錢貴東西好的迷信揚棄。你長頭皮屑的原因應不是便宜的洗髮精，大概是洗髮精是鹹性的吧！或者一起使用的潤絲精、梳髮用品是屬鹹性也說不定。

請再一次的更正你所使用的護髮品。因而，下次在購買護髮用品時，選擇是否為弱酸性比價錢貴賤重要。

●油性髮質應如何使用洗髮精

我的皮毛屬油性，洗髮精經常用很多來產生大量泡沫才能洗掉污垢。

但是，次日頭髮就會蓬散，第二天又粘答答的。經常不是蓬散就是粘答答的，要如何讓髮性恰到好處？

⊙把洗髮精稀釋五倍來洗第一遍

A 不可將洗髮精以原來的濃度直接拿來使用，因爲這樣使用會把頭皮及毛髮必須的油脂也洗掉，所以在你洗頭後，頭髮會蓬散。把洗髮精稀釋五至十倍使用最恰當，以你的情況，請以稀釋五倍的來洗。而且，在洗頭之前，先以溫水把塵埃之類較單純的污垢洗掉後，再以五倍稀釋的洗髮精洗，應該可使頭髮的污垢去除乾淨。

頭髮油脂較少容易乾燥的人，洗頭時一定要用溫水，而油脂性的人使用之溫水可以稍微熱一些。最後的清洗，則一定要用冷水。

頭髮擦乾後，還要用頭髮營養劑（tonic）擦進頭皮中，與其每天洗頭，還不如每天擦頭髮營養劑。

使用鹹性洗髮精，並以原來濃度大量洗頭，會給頭皮及毛髮造成嚴重損害，亦帶來頭髮蓬散的麻煩。

洗髮精的泡沫多，是濃度太高嗎？應該是鹹性程度太高，我想脂性頭髮的人使用很多泡沫是大有人在的，反而他的頭髮變成蓬散，不然就是粘粘答答的兩個極端狀態。還是用正確的洗髮法來保持頭髮的健康狀態。

★脂性的洗髮是
用溫水洗
第一遍。
把洗髮精稀釋
五倍後再用。
SAMPOO
清洗的最後
一遍用冷水。
塗上頭髮
營養劑。
營養劑
頭髮營養劑
每天塗也可以。

●晚上洗完頭後馬上睡覺，不妥嗎？

Q

我喜歡晚上洗澡時洗頭，並趁著身體尚暖和時上床睡覺，當然頭髮還是濕的，這樣對頭髮的健康大概是不利的吧！

⊙把水分吸乾後再上床睡覺比較好

A

晚上睡覺前洗髮對頭髮是相當不錯的，而頭髮還濕濕的就睡覺，在冬天會常常感冒，還是把水分吸乾了再睡覺比較好。

用較厚的浴巾包起來，由髮根向髮梢的方向，用兩手推進擠壓，把水分吸掉，這時只是半乾狀態，再用吹風機把所有頭髮烘乾。

在頭髮還濕著時，使用吹風機會乾得慢，頭髮會遭到熱損，而且把水分急速地處理掉來引起各種煩惱，還是用浴巾吸乾後再吹。

氣候濕時，特別是梅雨季，濕的頭髮容易繁殖細菌，又會有頭皮屑和頭皮癢。

像問這一問題的小姐那樣，濕著頭髮睡覺，對頭髮造成不好的習氣，早晨，要把這種習氣消除是很辛苦的。把各種因素綜合起來考慮，還是盡可能的把水分弄乾再睡吧！

因爲是睡前，
馬虎不得，用
浴巾好好吸掉
水分，再用吹
風機吹乾。

●用普通的洗髮精，頭髮一年比一年紅

每年燙二次頭，聽說對頭髮不好而不用吹風機，但頭髮卻一年比一年紅。只是用了普通的洗髮精、潤絲精並沒有刻意去損害頭髮，原因何在？

⊙注意選擇洗髮精與改善飲食習慣

A

原因要從三方面來考慮：

第一、有沒有用過濃的洗髮精洗頭？即使稀釋後再使用的人，洗頭後也要用很長的時間清洗，把洗髮精完全洗掉。否則，就會損害頭髮，這樣還要用洗髮精原液來使用的，簡直是笨到極點。

第二、有沒有洗頭次數太多，用鹹性太濃的洗髮精，一星期內不算洗幾次頭都很容易損害頭髮。

最近正流行早上洗頭（morning shampoo）或每天洗頭，洗得太過度或清洗不週到，都會對毛髮的健康造成負面作用，每星期洗一、二次就夠了。

第三、有没有偏食的習慣，如特別偏好肉類的動物性蛋白質，對毛髮也會表現出那樣的影響，飲食從動物蛋白質的攝取改換植物蛋白質，營養不均衡不僅頭髮變紅，也會使皮膚粗糙。

★頭髮紅色的？

★頭髮變紅的原因
鹼性
SHAMPOO
1
是否使用稀釋過的
弱酸性洗髮液？
2
一週之內有沒
有洗好幾次頭？
WED THU FRI SAT
3 4 5 6
10 11 12 13
17 18 19 20
24 25 26
3
飲食上有否偏愛
動物性蛋白質的
攝取？
×
○

●為何一使用潤絲乳霜就會頭皮癢？

一直是長頭髮，但偶而也會剪短，並加以燙髮時，頭髮蓬散，完全沒有光澤。在長髮時，經常被讚美頭髮漂亮，頭髮剪短了就知怎麼回事，令人傷心，我還是不認為燙髮會對頭髮有這麼大的害處。

為了讓蓬散的頭髮滋潤些，潤髮就使用乳膏潤絲精（cleam rinse），洗髮後再擦上髮霜（haircleam），這樣處理後，頭髮雖不再蓬散，卻會頭皮癢，乳膏潤絲精或髮霜與頭皮癢有關吧！

◉乳膏潤絲精只有塗在髮梢時

乳膏潤絲精的主要作用，是以乳膏將毛髮一根一根的包裹（coating）起來，故梳起髮來，會變得平平整整的，而保護毛髮的毛皮膜會起刺，造成分叉或斷毛的情況，要避免頭髮糾結或相互摩擦。故乳膏潤絲精有它的優點，而使用不當時，也會產生缺點。

乳膏潤絲精會在毛髮表面形成保護被膜，而塗到頭皮就會把毛細孔堵塞住，使頭皮不能呼吸，頭皮呼吸困難即爲頭皮癢的原因。你的頭皮癢煩惱，是頭皮上塗了乳膏潤絲精所引起的，乳膏潤絲精只能塗在毛髮，千萬注意不要塗在頭皮上。

潤絲精在市面上有需要稀釋與不需稀釋的，而不需稀釋的濃度仍然太高，而濃度太高的塗到頭皮，就會塞住毛細孔，頭皮呼吸困難，形成缺氧狀態，產生頭皮癢是理所當然的。因而使用不需稀釋的潤絲精，仍然要稀釋五至十倍來用，而需要稀釋的，最好比說明書寫的，稀釋到更薄來用較好，這樣就不會有頭髮和頭皮的問題。

注意不要塗在頭皮上，且稀釋再用，就可去除乳膏潤絲精的缺點，而只獲得它的優點，趕快試試這個方法吧！

★乳膏潤絲精的正確用法
稀釋5～10
倍後再用。
cream
RINSE
不可直接抹在頭
皮上，稀釋後再
使用是最重要的
事。
潤絲

●潤絲是洗髮後必須做的嗎？

由於我是上班族，就留較方便處理的短髮（short cut），洗頭時也只有用洗髮精處理而已，反觀晚輩的高中生，不僅用洗髮精，也用潤絲精，最後還塗上髮霜，聽說，只用洗髮精洗頭會損害髮質，年紀大了會增加白頭髮，是真的嗎？只用洗髮精洗頭，對頭髮不好嗎？

⊙如果對頭髮沒問題，就不需使用潤絲精

A 特別是年輕一代的人，有許多人認爲洗髮精和潤絲精是分不開的，然而頭髮有光澤、與柔性就不需要用潤絲精了。當然用太濃或鹹性的潤絲精，較容易引起頭髮的問題。

洗髮後，髮霜的油脂分塗在頭髮或頭皮，就會保護頭髮，如你的晚輩於潤絲後再塗髮

霜，就没有必要了。對於總認爲洗髮後必須潤絲，潤絲後必須塗髮霜的人，在不知不覺中把錢花在没有用的事情上，你就把這件事告訴你的晚輩。只擔心光用洗髮精洗頭，會傷害髮質、增加白髮是庸人自擾的，像你的頭髮那樣的健康狀態，是不需要用潤絲精和髮霜。只用洗髮精洗頭就會長白髮是不正確的，不必擔心。

●把檸檬片拿來做潤絲劑有效嗎？

聽朋友說：與皮膚一樣，在頭髮上用檸檬片的美容術（pack）有用，真的嗎？實際上，以前我曾作過皮膚的檸檬片美容術，因皮膚不合，使用後皮膚刺痛與乾燥，皮膚與毛髮的構造也許不一樣，如果對頭髮有效我想試試。

⊙洗頭後，會對頭髮產生中和作用，有效。

A

我認爲檸檬是美容術之女王，檸檬的酸度達到pH2之刺激性很強的強酸，檸檬片或檸檬汁直接接觸皮膚和毛髮，很容易產生問題，在使用檸檬時，一定要先加以稀釋。

作爲潤絲劑時，先在臉盆裝滿水，放入二至三厘米厚的檸檬二片，作爲洗頭後清洗用的檸檬潤絲液，就成爲弱酸性了。市面上没有酸性的潤絲精，這種檸檬潤絲液應多多利用。

而且在鹼性的洗髮精洗頭後再用檸檬潤絲有讓頭髮中和的功能。檸檬潤絲液會增加水分溶解性洗髮精的能力，對毛髮毛皮膜具有關閉的作用。這裡所介紹的檸檬潤絲液的製造方法相當簡單，請多多利用。

●護髮劑應怎麽來選擇?

Q

護髮(treatment)時給予頭髮營養而能滋潤,在化妝品店形形色的護髮品中,不知那一種較好?

事前護髮型(pre－treatment－type),事後護髮型(after－treatment－type),或不需潤絲的潤絲兼用型等等,種類特別多,洗髮前營養或洗髮後營養何者較好?請教最好的護髮怎麼做?

◎最佳的護髮就是髮霜

A

最近,女性都能認識到護髮的重要性,使頭髮內部提供營養的護髮劑也相當多,現在輪到它的商品特別多了,不少像你一樣無所適從的人,我所能告訴你的是:

任何型態的護髮劑，其共同點是提供毛髮所必須的油脂。我以最簡單又最佳的護髮——使用髮霜的方法相告。

髮霜的護髮，在早上做的與晚上做的不同，在早上做的人，應該於前一晚在頭皮及毛髮上塗夠，經過一個晚上，頭髮獲得足夠的營養，效果最大，早上起來後，以普通的洗頭就夠了，頭髮的柔潤程度會讓人看走眼呢！在晚上洗頭的人，因爲讓髮霜滲入的時間不夠，要用心來做，在頭皮及毛髮上塗上夠多的髮霜，輕輕地加以按摩，使髮霜完全染在毛髮上，然後用蒸熱的毛巾將整個包好，戴上浴帽，最短也要在十五分鐘戴著，隨著沖澡時，由身體的暖和使浴帽內也能暖和起來，效果會更大。

如果希望減少時間的人，還有稍簡單的方法，將髮霜罐放入熱水中，使其溫度比體溫稍高些，然後再把髮霜抹在頭皮及毛髮上，加熱過的髮霜對頭皮及毛髮的滲透力大大提高而能縮短時間做到護髮的效果。

護髮所使用的髮霜應儘可能用品質優良的，而髮霜品質之優劣，取決於使用羊毛脂之有無與是否爲水溶性。

爲了確定手上的髮霜品質優劣，可先將髮霜塗滿雙手，互相摩擦後，將手用水或溫水洗看看，洗後因羊毛脂的作用，手的滋潤情況不同而加以瞭解。假若，洗後手不粘粘的，不是水溶性的，不適合護髮，在買護髮用的髮霜時，一定先要確是否水溶性的。

●毛髮很快就會翹起來，怎麼辦？

我的頭髮粗且多，經常感到頭髮翹起，用什麼方法才能使它比較像女人的頭髮？

A

⊙用弱酸性護髮劑使頭髮柔軟

一般而言，即使頭髮粗又多，但沒被損傷的話是絕不會翹起來的，你的情況大概是，用鹹性的洗髮精、潤絲精把頭髮的鱗片狀毛皮膜洗鬆掉了，剛好與魚受傷時，魚鱗鬆動的附在魚皮上即將要剝落的狀態。

每週一次弱酸性護髮做三個月，毛皮膜附牢後，頭髮就會變得柔軟。

你知道嗎？

◉梳髮時會打結是頭髮健康的警訊

◉用吹風機吹髮，吹八分乾

◉早上吹髮、用噴霧器噴濕是很重要的

◉避免髮型崩散的吹整要由髮根開始

◉頭髮的耐熱性差、吹風機的使用要注意

Brushing & Blow

2

喚回頭髮的精神

梳髮與吹風的技術

●梳下來的頭髮很快就斷

洗過頭，頭髮就有光澤，而我梳頭時梳下來的頭髮有很多斷毛，這種情形要不要繼續梳髮？

⊙梳髮不好那是頭髮健康危險的信號

A　梳髮時無法平順的通過髮梢，是你的頭髮嚴重損害的證據，恐怕是你使用的洗髮精、電燙液是鹹性的，長期受到鹹性的洗髮精、燙髮液傷害的頭髮，毛皮膜已經剝落，而形成分叉與斷毛。由斷毛的傷口流出頭髮內部的某些重要營養分，頭髮就會蓬散。

如果頭髮的損傷尚輕，使用護髮噴劑就可使頭髮平順；如已損傷嚴重，非從髮梢開始一點一點的改善不可。

在尚未病入膏肓之前，改換用弱酸性的洗髮精、潤絲精，使毛髮恢復生意盎然。加上梳髮是很有效的，在此將梳髮的功用簡單整理如下：

第一、給頭皮適當刺激，促進血液循環。

第二、將頭皮分泌的油脂毫無遺漏的流到髮梢。

第三、將附著在頭髮上的灰塵、污垢加以清除。

梳髮有上述這些效果，良好的梳髮方法用來每天梳髮，是非常有益的。

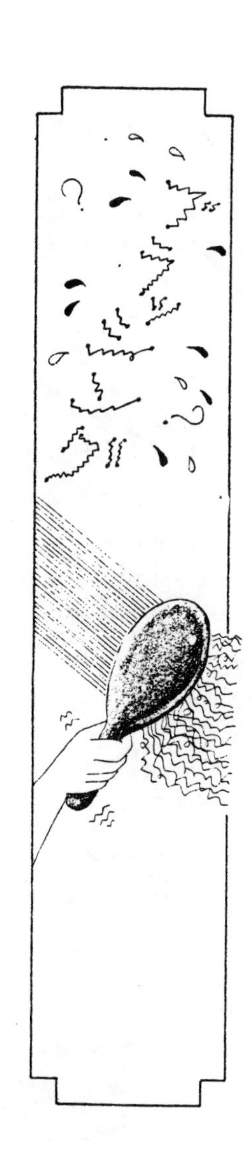

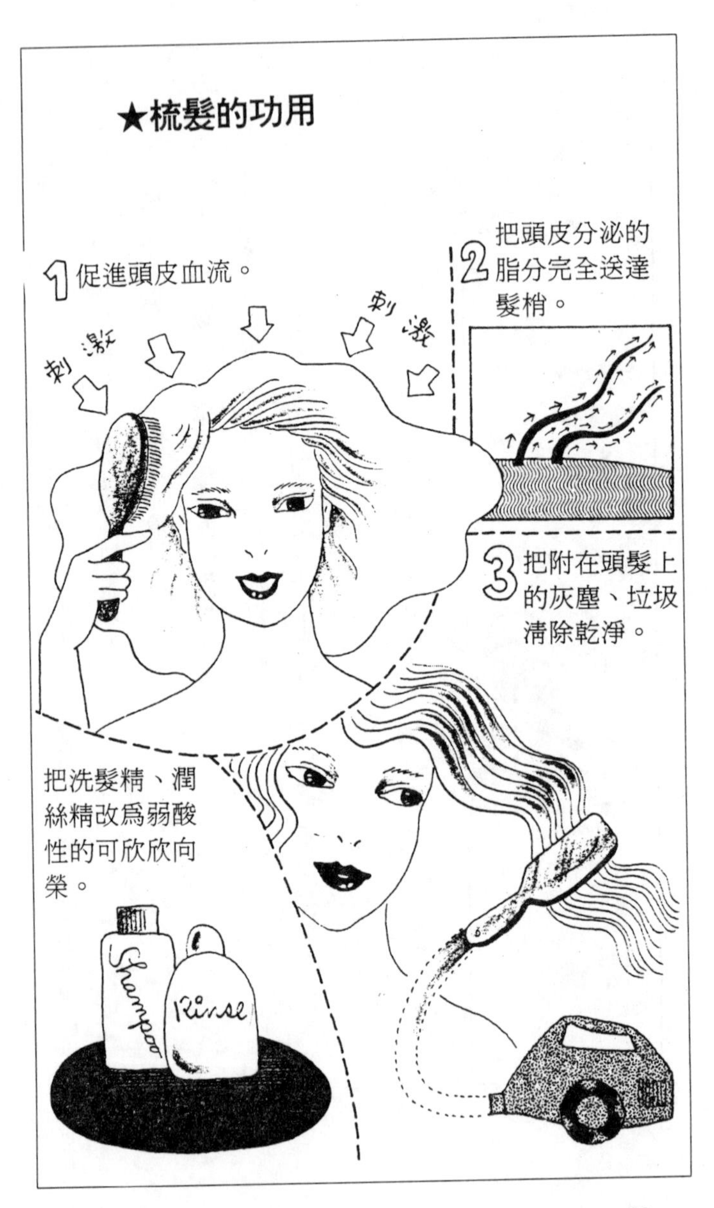
★梳髮的功用
1 促進頭皮血流。
刺激
刺激
2 把頭皮分泌的脂分完全送達髮梢。
3 把附在頭髮上的灰塵、垃圾清除乾淨。
把洗髮精、潤絲精改爲弱酸性的可欣欣向榮。
Shampoo
Rinse

●由於梳髮時掉髮頭髮變少了

最近，掉髮特別嚴重，每次梳髮都會驚惶失措，頭髮變少了就很難看，而不再梳髮，雖然掉髮方面已有減少，但與梳髮時相比，頭髮沒有光澤。頭髮變少了也痛苦，沒有光澤也討厭，顧此失彼如何是好？

⊙容易掉的毛髮早些讓它掉較好

A　世上因怕掉髮而不梳髮的人實在多的可怕，然而那是不對的，因爲粘在頭皮上的頭髮並不只限於由毛根牢牢粘在頭皮上的毛髮而已。

既然已經從頭皮的毛根上脱落枯萎的頭髮很多，而讓它覆蓋在頭皮上，將成爲新生髮的妨礙，新生髮就變得細小，此種狀態將演變成青年禿，因而枯萎的頭髮早些梳去反而有益無害。因害怕掉髮而不梳髮，讓枯萎的毛髮存在，使新生毛脆弱，就成爲引起禿頭的原因。梳髮將枯髮去除，刺激頭皮讓新陳代謝順暢，對頭髮有正面（plus）的影響。

在此，對擔心掉髮的人，可以不梳髮，用梳子做按摩，可用黃楊、梅木所做的梳子，梳齒要長的，以泡過山茶油紗布（Gaze）包著梳子片刻，流齒尖的觸感好，然後在不會感覺痛的範圍內，用木梳搔頭皮全部，此時沒有梳髮的感覺，而是在搔頭皮，擔心髮稀的部分要特別用心。

這種按摩耐心的做時，頭皮血流順暢，細胞活躍而進行新陳代謝。再則，枯毛掉落，新生毛就會是健康強壯的頭髮了，你的先生或男朋友也來做做看如何？

★梳子的選擇與按摩

●長髮保持美觀的梳髮

我喜愛長髮，護髮上稍有疏忽就容易產生分叉，實在辛苦，我認為還是長頭髮比較有女人味，希望知道長髮者護髮不可少的梳髮相關的知識。

首先，是用什麼梳髮較好，其次，在產生分叉時，應如何梳髮？

A

◎每天用猪棕毛刷刷毛

梳髮適度的刺激頭皮，頭皮分泌的油脂移至髮梢，故每天梳髮可保持頭髮健康，使頭髮亮麗的功能，但是，錯誤的梳髮會有反效果。

選擇梳子時，要選不傷皮膚、毛髮的天然材料豬棕的最好，耐龍（nylon）梳子會產生靜電，使頭髮糾結在一起，絶對不可使用，雖然也有不產生靜電的耐龍梳子，但還是無法和豬棕梳子相比。

梳髮的方法而言，由髮根至髮梢的方向，每二～三公分撥開來梳解。但是，只有由上而下任意梳解是不會有梳髮的效果的，還要和緩的把空氣透入髮與髮之間，產生與空氣混合的感覺。

對長髮的人，要使頭皮至髮梢都滋養到是不容易的，特別要梳髮。假如產生分叉、斷毛時，一般的梳髮反而要從髮梢一點一點的把頭髮撥開，由上而下慢慢解開，也就是說，產生分叉、斷髮的頭髮容易糾結在一起，這種情況的頭髮加以過度的梳髮，會更加損害，又造成分叉與斷毛的原因，必須小心才是。

而在髮梢塗上髮霜之類的油質就可預防分叉。

★刷毛的方法
離髮根2～3公分
刷開，產生讓空氣
從頭髮與頭髮之間
流通的空間。
2~3cm
④
③
②
①
若有分叉、
斷毛時，自
髮梢一點一
點的刷開。

●想知道吹風機正確使用的方法

我早上洗頭為了很快的讓頭髮乾而使用吹風機，聽說使用吹風機會傷頭髮，而在美容院也使用吹風機，護髮的職業（professional）美容師使用上應該精通（master）吹風機的使用方法而不傷害頭髮。

我也想精通正確的吹風機使用法。

◎用吹風機乾髮百分之八十

A

首先告訴你吹風機的選擇。

吹風機的機種　選用風量大不會對頭髮高熱的大型吹風機，在美容院職業用的大吹風機很理想。

使用吹風機時　必須離髮二十公分，還不能在頭上一處吹太久，因頭髮會受熱傷害，要上下、左右不斷的移動來吹乾，有時要將手指伸入頭髮中，讓頭髮之間通風再一邊用吹風機吹，會早些乾。

吹乾法　使用吹風機時最重要的事，是到達百分之八十乾燥，剩下的百分之二十水分應讓它自然乾燥，如用吹風機吹到百分之百乾燥，因頭髮水分完全喪失，反而會蓬散。

聽說爲了胃腸健康只能吃八分飽，同樣的，爲了保持頭髮的健康，用吹風機乾髮吹到百分之八十乾較好。

★頭髮吹風機的選擇

職業美容師使用大型吹風機最好。

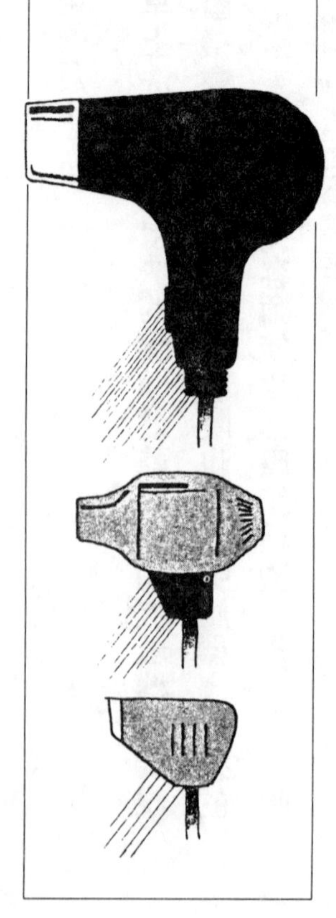

★吹風機的使用法
離髮20公分，不固定在一個
位置，勤快地移動著吹乾。
20cm
用吹風機吹
乾至80％，
剩下的水分
讓它自然乾
燥。
80%

●何以早上整髮做不好？

早上，上學前用吹風機及梳子整髮，卻無法吹出滿意的髮型，頭髮整不好，整天心情不好，頭角始終掛著頭髮，想知道能有中意髮型之整髮方法。

⊙必須事先用整髮用的噴劑讓頭髮濕潤

A

整髮時，若沒先讓頭髮處於濕潤狀態，就很難做出中意的髮型，像你那樣在頭髮完全乾燥的情況，以吹風機用熱風來吹，蓬散而更加乾燥反而傷害頭髮。

最適合整髮的，不必說也知道是在洗頭後來做，如前述在頭髮百分之八十乾燥度來做較好，讓它完全乾燥後做整髮，頭髮過分乾燥。而在很濕時整髮，由於吹風機靠頭髮太近，一樣會傷害頭髮。

在洗頭後，頭髮尚有些濕氣時整髮，是不會傷害頭髮的，而且頭髮的情況很容易感覺到，做成中意的髮型自然不成問題。

在整髮時，由髮根起隨著髮型的流線逐步吹整，就會很美觀。

假使，你一定要在上學前整髮，在梳髮前使用整髮用的噴劑讓頭髮保有水分，就不會讓乾燥的頭髮被吹風機傷害，也更容易整理。

★要怎樣才能做出想要的髮型

★頭髮還濕時來做整髮的做法
在頭髮還尚有
濕氣的狀態來
整髮。
不要太靠近
噴
霧
劑
頭髮如已完全乾
燥，先以頭髮噴
劑讓頭髮保有水
分，再做整髮。

●避免髮型崩散的整髮梳使用法

使用吹風機及髮梳整髮，因不會用髮梳而做得不理想，請教整髮時髮梳的拿法。

A

◎用梳子從髮根開始成型

整髮時要注意不要讓吹風機只吹一個地方，如只吹一處會成型而不崩散，但對頭髮不好，應在梳子使用技巧上來講究。

梳子從髮根順勢往下移動，只把髮梢卷在梳子上再以吹風機的熱風吹，是很差的整髮，這樣整髮是無法整理得好的，因整理不好而格外的依賴吹風機的熱，會傷害頭髮。

很棒的整髮，要用梳子自髮根含住，梳到想要造型的那一點時，順勢用點力來卷，這一瞬間以吹風機的熱風來成型。

★熟練的整髮是由髮根刷住頭髮

假使不會使用梳子，卷髮器（curler）和髮夾（pin）可以用來輔助。現在最流行削整（cut and blow）的髮型，整髮整不好，又怕吹風機傷害的人，可藉著卷髮器及髮夾來進行整髮（hairset），在完成時稍加吹整，使之成型。

依照髮型的需要選擇大的卷髮器，應該可以整出非常漂亮的髮型。

★預防髮型崩塌的整髮

●毛髮變紅是否因過度使用吹風機所引起？

我有晨浴的習慣，淋浴後在洗臉盆洗頭，用吹風機整髮，早上時間是不太夠，洗頭與吹風都儘快的做，故吹風機轉到最熱的風來吹。

但是，最近發現髮梢蓬散，頭髮變紅，是吹風機的熱風所引起的嗎？

⊙髮的耐熱性差，使用吹風機要小心

A 以六十度的熱風直接對頭髮直吹，無疑會產生分叉斷毛，爲了避免，應在頭髮上噴水再吹，去買一個可裝很多水的大型噴霧器是蠻方便的。

洗頭後，用厚的浴巾從髮根至髮梢兩手押水，然後，用吹風機時不可太靠近頭髮，並注意不使熱風只吹一個地方，想吹强的波浪時，決不要想一次就把它做好，而是要反覆做幾次，吹風機固定在一處吹，大概只能五～六秒鐘。

使用慕絲（mousse）也是對熱保護頭髮的方法之一，吹風機的熱風吹到頭髮時，慕絲具有降溫的效果。

我不太贊同每天早上洗頭，因爲洗頭要做到恰到好處，要花很多時間來去除污垢，清洗時也要很週到之故，把洗頭當作每天早上的工作，既費事又花時間，在忙碌的晨間洗頭，無論如何是無法清洗週到的，而吹風機過度的使用也會傷害頭髮。

所以，晨浴時照拂頭髮的心情相當重要，懼怕不用正確的洗頭法與吹風法，我想頭髮是很可憐的。

★吹風機的使用法
不要只吹一處，反覆的吹是很強的波浪做成的秘訣。
5~6秒
早上整髮時用噴霧器使頭髮有足夠水分後再使用吹風機。
水
慕絲
慕絲是保護熱吹風機的風，有降低溫度的功能。

●男性也會因吹風與燙髮而頭髮變薄？

我是大學三年級的男生，進大學後就一直燙著頭髮，早上一起床頭髮亂糟糟，就用吹風機來加以整理，我想男生應該像這樣愛漂亮的，最近發現頭髮變薄了，明年就要去找工作，頭髮少在面談時一定會給別人不好的印象。

目前，特別在意頭髮少的問題，作功課無法專心，對於薄起來的頭髮，什麼也不想做了。

⊙弱酸性營養劑使頭皮毛髮返春

A

我很贊同男性也愛漂亮，可是愛漂亮的愛法給以後帶來負面的影響就沒意義了。

首先，燙髮一直用非弱酸性的材料，再以吹風機的熱風來對付耐熱性差的頭髮，就算是男性的頭髮也要受傷的，使用吹風機應在頭髮半乾時，或者噴水在乾髮上再做，也可以塗慕絲在乾髮上再吹。

亦即在吹風機的熱風吹向頭髮時，噴的水或慕絲都可降溫而保護頭髮。

使用吹風機時，不要使熱風長時間的吹同一個地方，吹風機要與頭髮分開，不固定一處，一邊移動一邊整髮，這種做法男性與女性完全一樣。

像你那樣，頭皮和毛髮被燙髮液及吹風機都傷害了三年，應該每週一次使用弱酸性的營養劑，持續三、四次，應該可使頭皮與毛髮年輕起來，並打開已堵塞的毛細孔，讓新生毛長出來。

現在，感到頭髮變薄，大概是頭皮受傷，毛細孔堵塞，掉髮嚴重，反而應該新生的毛髮，因毛細孔堵塞而無法探出頭。要繼續使用弱酸性的營養劑，直到頭皮由白色帶青（這是健康頭皮的色澤）。

★男性的吹風機
以弱酸性液來燙髮
吹風機是在頭髮半乾時，或噴上水或慕絲後，不要讓熱風長時間吹一處，一邊移動一邊吹。
★再一次清新
每週一次塗營養劑，持續3～4次。
弱酸性
護 髮
FOR

你知道嗎？

◉頭皮癢時，用頭髮營養劑來清除毛細孔。

◉分叉不剪還會再長出來。

◉卷髮、天生卷髮也有後天性的。

◉預防青年禿髮的按摩。

◉在身體衰弱時，不能燙髮。

3

現在知道仍未遲的

護髮困擾消除法

●有關頭皮屑、頭皮癢困擾的情況

一梳頭肩膀上就有很多頭皮屑，不梳頭以避免洋裝的肩部沾滿頭皮屑而白得難看，但因頭皮癢，還是在頭皮刮得擦擦響的梳頭了，難道沒有止癢的方法嗎？

◎用頭髮營養劑把毛細孔清掃清掃

A 頭皮屑、頭皮癢是因毛細孔堵起來引起的，覺得頭皮癢就該用心打掃毛細孔。用棉花（cotton）沾著頭髮營養劑擦頭皮，把堆積在毛細孔的污垢清除乾淨，而棉花要耐心的一次一次的更換，全部頭皮擦過後，會有意想不到的爽快，當然這樣就會止癢了，頭皮屑也會消失的，但是，乾性皮膚的人務必謹慎。

★頭皮屑、頭皮癢的治療法
用沾有頭髮營
養劑的棉花耐
心的擦頭皮。

●沒有燙髮為何會有分叉？

聽說對頭髮不好而不燙髮，一直保持著長的直髮（straight），吹風機當然也對頭髮不好，洗頭後就讓它自然乾燥，雖然如此，還是有分叉，我想對頭髮不好的事全然不做，為何還是有分叉呢？

A

◎分叉不剪還會再生出來

雖然不燙髮，不用吹風機，還是受髮型的限制，難道每天都不整理頭髮嗎？燙髮時用弱酸性燙髮液是不傷毛髮的，當然，具有使頭髮活生生的健康狀態作用。

吹風機用正確的方法來使用也不會傷頭髮的，考慮試試看。

分叉是鹹性洗髮精把保護頭髮的毛皮膜剝去，再以鹹性的洗髮精、燙髮液、染髮劑紛紛地從這一傷口侵入毛髮所造成。

你好像不使用燙髮液及染髮劑，看來分叉的原因是由洗髮精所引起的，洗頭不要再使用鹹性的，應改用弱酸性的洗髮精。然而用弱酸性美容固然可以預防分叉，但已經分了叉的，實際上並沒有適當的辦法，要讓這分叉消失，只有將分叉的部分剪掉一途了。而剪掉這種分叉的技術是相當困難的，必須把已經分了叉的各股確實地剪掉。

剪毛（cutting）技術差時，把已分了叉的毛股殘留下來，就會在毛股處又分叉起來。一形成分叉，就要斷然剪掉，然後再改變髮型，如此就可以根除分叉的現象。

★不燙髮還是有分叉
分叉是因頭髮的毛皮膜剝落所引起的，只有在已分叉的部分剪掉。
cut
發現有分叉就要斷然改變髮型

●直髮電燙，分叉顯著

我的頭髮有些卷，曾想要讓它變直，在直髮電燙時，分叉明顯，是電燙前因為有自然卷而分叉看不出來，還是直髮電燙造成的分叉呢？

◎直髮電燙在缺氧下進行

A

直髮電燙不是把毛髮卷在棒（rod）上，而是在合成樹脂（plastics）或起泡苯乙烯（styreue）的板上放著延伸來電燙。

與棒來比，使用板時燙髮液較易流失，故以小麥粉或澱粉和燙髮液混合以增加粘性。而電燙是在塗上氧化劑來完成，麵粉或澱粉會妨礙氧化劑的作用，頭髮就會有氧不夠的情況。氧不夠就是分叉與斷毛的原因，非弱酸性燙髮液本來就是從毛髮取走氧氣，再補充氧化劑在直髮電燙上不易作用，而造成分叉。

★因直髮電燙而增加分叉？

在直髮電燙中使用這種小麥粉或澱粉會妨礙氧化劑的作用，而使頭髮氧氣不足。

●有沒有治療沒粘性汗毛方法？

我的頭髮一根一根細如汗毛，由於沒有粘性，無法自己把頭髮整理得很好，而有些與我一樣雖細如汗毛，但有粘性，並非不可思議的。

有什麼能讓頭髮有粘性的呢？

◎從解決頭髮營養不良的方向來考慮吧！

A

我認爲頭髮沒有粘性是因頭髮營養不良，其原因不外乎洗頭次數太多，洗髮精是鹼性的，洗髮精濃度太高，三者之一。

洗頭每週一至二次，不然由頭皮分泌到毛髮上的脂質會流失。使用對頭髮溫和的弱酸性洗髮精。而市面上的洗髮劑濃度太高，應稀釋五至十倍後使用。

如果你有燙髮，也要用弱酸性的燙髮液才好。

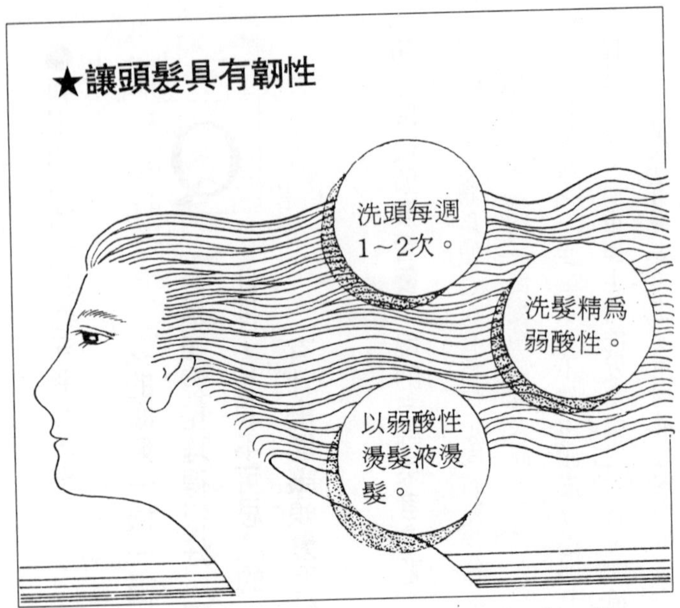

鹼性的洗髮精、燙髮液會有從頭髮內部或頭皮組織搶走氧氣的作用，而造成氧氣不夠，使用弱酸性洗髮精，控制在每週洗頭一至二次，頭髮的彈性和粘性都會增加。使頭皮及毛髮營養不良，且會使毛細孔成爲缺氧狀態而被排不出的廢物所堆積。

●雖把頭髮剪短，頭髮光澤不再

長髮時有分叉無光澤，而剪成短髮。我認為短髮不易分叉會產生光澤，但是剪短也過了半年，全然不產生光澤，總以為因短髮分叉才不明顯而耿耿於懷。本來喜歡長髮，而斷然把頭髮剪短，付出這麼大的代價，卻產生不了光澤，悔不當初。如何能使頭髮產生光澤呢？

◎保持頭髮健康狀態是第一要緊的事

A

想要知道治療分叉、斷毛、沒光澤頭髮的方法嗎？這個問題其實很簡單，損傷的毛髮要從根本上來做考慮，今後就生髮的培育漂亮較爲重要。原因是，錯誤的護髮會損害毛髮，先知道正確的護髮做法比較有益，要治療已經損壞的毛髮，有如見樹不見林。因而，請不要再用錯誤的方法護髮。

先做弱酸美容法的頭髮營養劑及護髮造型，用弱酸性劑三次後，可使長時間堆積的廢物排出，並提供毛細孔和毛髮内部氧氣，使頭髮獲得養分，最後就會産生光澤。我想弱酸性護髮這樣的使頭髮活生生的健康起來，比去治療已經損壞的毛髮强多了。

●縮卷髮可以再直嗎？

天生縮卷髮而困擾。

我家有三姊妹，姊姊與妹妹都沒有卷髮，想跟母親抱怨為何只有我天生縮卷髮？每天憧憬著直髮到做夢的地步。在夢中，我擁有烏溜溜的長髮。

天生如此，實在一點辦法都沒有。

◎試試我開發的卷毛矯正法

A

世上為天生縮卷髮煩惱的人實在太多了，而其他姊妹都是直髮，偏偏只有她一個人卷髮的案例也很多，卷髮在遺傳學上尚未清楚。

我在大約二十七年前，開發了卷髮矯正術，深受多人喜愛，而這種矯正術是將頭髮一根根的拉長來做，是很麻煩的技術與不斷的重複進行，做一次矯正手術需花四、五個鐘頭。

頭髮一個月約長出十釐米長，做完矯正術後三個月，新生卷毛又長出來，因此，每三個月必須做一次矯正術。對一般人而言，矯正術的時間太長，且每三個月做一次也是相當的負擔，而其效果，可獲得十足的亮麗。重複的施用這種矯正術沒有副作用，會使頭皮的作用活躍、髮質改善。

現代流行把頭髮燒燙卷曲的粗獷（sauvage）頭，已不再像過去一樣看不起縮卷髮了。但是這樣，也深感困擾。

還是到我的美容室，做縮卷髮矯正術吧。

●要讓天生卷髮弄直

Q 生來頭髮全部有波浪，盼望能變成直髮。有一次做了直髮電燙，把頭髮傷得非常嚴重。不做直髮電燙就沒有辦法來矯治天生卷髮嗎？

◎美容師會矯治卷髮，技術很重要

與縮卷髮的矯治法一樣來矯治卷髮。只是卷髮是由美容師來矯治時比起縮卷髮的矯治就困難多了。

卷髮塗藥後變直，是不是已經矯治了不容易判斷，認爲已矯治好的頭髮乾燥後，用梳子來梳理，仍然再卷起來的現象是有的，比起縮卷髮，卷髮的矯治更講究美容師的技術與經驗。

請記住，不過，也請放心，你的卷髮與縮卷髮一樣的矯治法就可以變直的。

★天生縮卷髮、卷髮能治嗎？

三個月做一次縮卷髮矯正法並持續進行，頭髮會變得漂亮，並可讓髮質得到改善的效果。

●並非天生，而是從中學生時變成卷髮

出生到中學一年級一直都是直髮，中學二年級開始發現頭髮彎曲，此後到現在就成為卷髮了。聽說縮卷髮或卷髮是與生俱來的，我的頭髮是異常的吧！

⊙縮卷髮或卷髮也有後天性的

A

從長期讓美容師做頭髮經驗來說，像你這樣進入思春期後才變成卷髮的案例比較多，那是因思春期分泌的賀爾蒙（hormon）所引起的變化。後天性的卷髮就這一輩子卷的固然有，而過了思春期後，變回直髮的也有。

以我的經驗而言，即使不做矯正術，持續用弱酸性營養劑亦能變爲直髮的人很多。

總之，你的頭髮並非異常，而想要治療後天性的卷髮，不管是用矯正術或弱酸性營養劑都能使卷髮變直，不必擔心。

●把髮際的卷髮矯治，想要留長髮

我的卷髮只生在髮際，很特別。髮際是卷成一團，向著髮梢的部份卻是真正的直髮，這樣的頭髮是否只限於我的髮型？一直是短髮，無法享受長髮亮麗的情趣，我能把卷髮治好而留長髮嗎？

◎是很麻煩的案例，可以治療的

A 縮卷髮的弄直技術上最難的就是髮際的位置，弄直後頭髮還是在長，就算做了三個月，髮根的基部還是長出卷髮，亦即，美容師的技術與接受反覆弄直對象的你的耐心特別必要。然而，反覆地做卷髮弄直，其效果會表現出來。頭皮是活碰碰的，頭髮也強健起來，變得較好整理，這就是弱酸性的弄直技術效果。

★要矯治只在髮際的曲髮
矯正術是弱酸性的營養劑。

●頭髮細而貼著頭皮怎麼整理？

我的頭髮細而貼著頭皮，頭髮扯起來也做不出鼓起來的髮型，燙一下應該會好些吧！以前，曾經有一次燙髮，結果分叉、斷毛、掉毛一大堆，再也不敢嚐試了，可是對分邊的髮型，一直很嚮往，是行不通的吧！

⊙容易受傷的細毛，要比別人加倍小心

A　頭髮細的人，頭髮容易受傷，頭髮之所以會細，係毛細孔小，因而容易堵塞，毛細孔一堵塞就會氧氣不足，頭髮受傷而掉落。定下每月一次的美容日，弱酸性營養劑的處理是很理想的。把容易堆積的毛細孔加以清掃，頭皮和毛髮就會生意盎然。

不要再扯頭髮了，貼在頭皮上也許是因爲脂性成分泌太多的體質，因而洗頭次數太多造成反效果。

偏食習慣的人往往是油脂性的髮質，肉類、甜食吃太多了！營養的平衡走了樣吧！飲食習慣應再做一次檢討。

●頭髮塗上指甲油（manicure）時會引起斷毛？

美容師告訴我，頭髮塗上指甲油會顯得亮麗，就持續塗了三次，可是一解開頭髮時，頭髮馬上斷落。使用指甲油擦頭髮會造成斷髮嗎？

◎要認識對頭髮不好

A 誤解頭髮上指甲油的人很多，實在傷腦筋。清楚的講，頭髮塗上指甲油會傷頭髮。你應該知道指甲油會傷指甲的，它雖供給指甲營養，但是持續塗指甲油會使指甲脆弱。頭髮塗指甲油也是一樣，依我的實驗，頭髮塗了三次指甲油，頭髮就會紛紛斷落。

★頭髮塗指甲油而損傷頭髮？

頭髮塗指甲油會傷頭髮，一定要塗的人請很小心。

●自然電燙(sauvage)後頭髮變薄

從三年前至今頭髮都做成自然電燙,最近頭髮變薄了。也許是掉髮嚴重,擔心會不會復原。

◎自然電燙傷頭髮

A

自然電燙的髮型,係用電燙使頭髮卷曲,持續用弱酸性以外的一般燙髮會傷頭皮和毛髮。以自然電燙長時間持續燙髮,一定會很嚴重的傷害頭皮及毛髮,結果,掉髮很多,而且頭皮的毛細孔堵塞,新生髮不容易長出來。

屬於蛋白質的頭皮和毛髮,耐鹹性差,頭髮變薄是個機會,今後要留神使用對頭皮和毛髮溫和的弱酸性護髮。

★做了自然電燙，傷了頭髮嗎

自然電燙會傷頭髮，掉髮增加，毛細孔堵塞，新生髮不易長出。

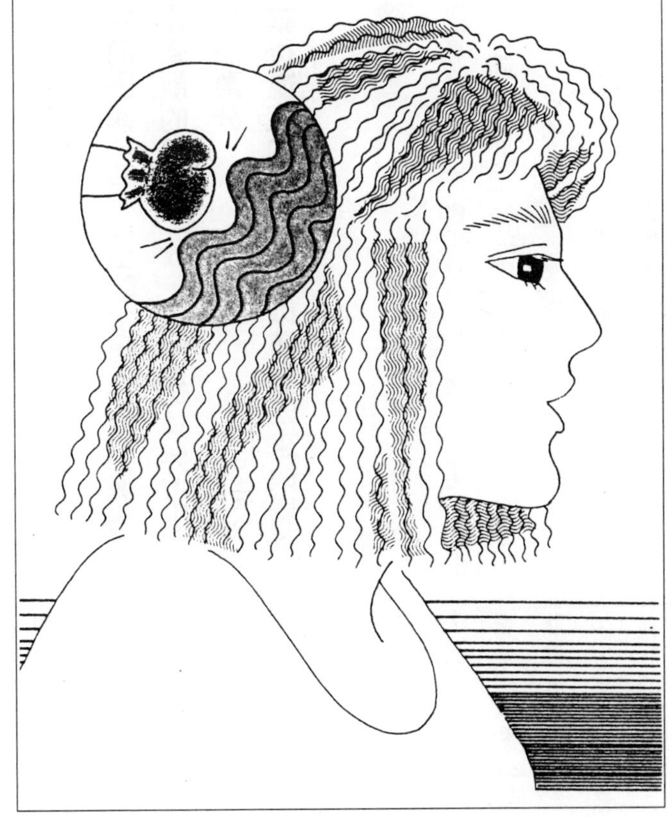

●病後嚴重掉髮，其治療方法為何？

二年前因病住院，出院後很快的掉髮嚴重，是否住院期間服用強烈的藥物之故，再這樣掉髮下去不就要變成禿頭了，惶恐萬分。

服藥後遺症的掉髮，能以美容法來改善嗎？

◎用弱酸性美容法來袪除藥害

A

住院時一定要遵照醫師指示，而醫生只有在醫療上下工夫，但無法關心女性使用藥物之後的後遺症，造成喪失頭髮的痛苦。不過，請你放心，每週一次弱酸性營養劑處理，掉髮有所改善後，再以弱酸性燙髮來做，可恢復你原來的頭髮狀態。

假使掉髮嚴重，頭髮還是在變薄，持續進行弱酸性美容法時，會在掉髮的髮根處長出新生髮，在掉髮後長出的新生髮，剛開始是又細又短，而最後會長出又粗既長且壯的頭髮來。

★掉髮的治療？
HELP!
每週一次弱酸性營養劑。
弱酸性燙髮
弱酸性護髮

●有沒有預防遺傳性少年禿的方法？

最近掉髮增加，總覺得頭頂上頭髮少了。雜誌上寫著禿頭是遺傳，家父在二十歲開始禿，到了三十歲頭頂上就完全禿光。

說是遺傳而像家父那樣禿光就吃不消，有沒有預防禿頭的美容法。

⊙以木頭梳子按摩並進行弱酸性美容法

A

頭髮的壽命，壯年期女性是四～六年，男性是三年半～四年半，故女性較爲優勢。但是，頭髮處理不好，頭髮的壽命到了生長變化時，不是長毛，而只有長出短毛或稚毛，這是頭髮變薄的原因，加上短毛和稚毛的壽命比長毛短很多，掉了就不會再長，而禿掉了。

要看禿頭的前兆，頭皮屑的產生方式比掉髮更容易知道，先檢查你的頭皮屑的程度。

頭皮健康時，不會頭皮癢、頭皮屑，而變禿的前兆則是頭皮很癢，然後塞住毛細孔的頭皮屑紛紛掉落，經過此一現象，頭皮屑沒有了，頭皮也不癢了，然後就變成少年禿頭了。

從頭髮的變化來說，禿髮的前階段是掉髮明顯，新生髮也只有短、細的毛髮，最後全變成稚毛，終於就禿光了。

要讓有這種傾向的毛髮再生是有可能的，而必須在只生稚毛階段之前，不長頭皮屑，不覺得頭皮癢時進一步來處理。在還來得及時，以木梳對頭皮按摩、刺激，並用弱酸性護髮來保持頭皮健康，讓毛髮再生。

★檢查少年禿
caution!
有頭皮屑，掉髮但不明顯。
會癢，頭皮屑多，新生毛細、短。
有頭皮屑，只剩稚毛。
危險！趕快處理，
否則，來不及了。
let's try!
RINSE
用梳子按摩和弱酸性護髮。

●雖然假髮的大小合適，但覺得有壓迫感

就像電視廣告中講的笑話，一天上班二十四小時那樣的忙碌，在沒時間梳頭時就戴著假髮。想談談有關假髮的事，假髮的大小完全與我的頭吻合，戴起來卻有壓迫感。請問有沒有大小以外的原因。

⊙使用假髮時之注意事項

A

戴假髮時要注意的是，讓頭皮通風良好，毛細孔被假髮堵住時，會妨礙毛細孔對氧氣的吸收與廢物的排出，那就如你所說的壓迫感了。

喜歡戴假髮的人，要注意以不戴的狀態來度過足夠的時間。假髮拿掉後，要好好地用蒸氣毛巾把頭皮擦乾淨，然後用棉花沾著含有酒精成分的營養劑之類把頭皮塗抹週到，再用髮霜塗在頭皮上加以按摩，或用黃楊木梳子之類的梳齒刺激頭皮。

這樣做以後還會有壓迫感時，那是毛細孔堆著很多廢物，應該用弱酸性營養劑把毛細孔清掃。

●在生理期燙髮時頭皮屑很多

母親告訴我，不只在產前產後，生理期也不可以燙髮，我認為是古時候的人之迷信，而燙了髮。可是頭皮屑確實增多，終究生理期是不可以燙髮嗎！

◎自然治癒能力差時不可以燙髮

A

除了用弱酸性燙髮之外，只有在健康狀態良好時才可以燙髮，對女性而言，生產與生理期就有如生了病一樣，是身體平衡條件容易破壞的微妙（delicate）時期。

燙髮後頭皮屑很多，是頭皮部份的健康平衡破壞了，頭皮的毛細孔具有排除廢物和吸收新鮮氧氣的作用，這種新陳代謝的平衡破壞了，頭皮屑就會增多。

人類具有自然治癒能力，產前產後、生理期、生病中以及病後，自然治癒能力差，不做一般的燙髮就平安無事。

有些人因感冒暫時不能入浴，爲了好起來，要我燙髮使她舒服些，對這些人我給終告訴他們：

「若以弱酸性燙髮，不是空腹就没有問題，而一般的燙髮要等身體完全康復再做較好，否則事後會引起頭皮屑之類的傷害。」

生病中想要清爽和乾淨的心理是很容易理解的，而所冒的危險並不是燙髮本身。對頭髮不好的，甚至是對顧客會產生耳痛的，我認爲做爲一個美容師是不能不講的。

★不可燙髮的日子
BEAUTY SALON
生理日
產前產後
病中、病後
感冒時

●是燙髮造成髮梢變紅的嗎？

每次燙髮，髮梢都變紅，我甚至認為是染上去的，不做燙髮，頭髮不會變紅，但是頭髮就塌下來，不得不又去燙髮。

燙髮使髮梢變紅是沒有辦法改變的嗎？

◎請做弱酸性燙髮

A

我經常聽到燙髮後頭髮就有問題，做爲一個美容師，我是一再不辭辛勞的才把不傷頭髮的燙髮液製造出來，希望藉著燙髮解決頭髮的問題。

髮梢變紅是受燙髮液傷了頭髮之故，下次燙髮時，請用弱酸性燙髮來處理，絕對不會使髮梢變紅。

只是在弱酸性燙髮之前，必須先讓變紅的頭髮恢復狀態，用弱酸性營養劑持續使用，直到改善紅髮，一樣可以使你擁有烏溜溜的秀髮。

●頭皮膚色是黃色，頭髮就不會有光澤嗎？

有些朋友的頭髮像烏鴉淋濕的羽毛一樣烏黑發亮，令人羨慕。有時，向她的頭皮近看了一下，是白裡透青的膚色，跟她相比，我的頭皮膚色就偏黃了。

因此，頭髮就沒有光澤了嗎？

A

⊙健康的頭皮膚色是白裡透青

頭皮的膚色，在健康狀態時是白裡透青，而毛細孔被頭皮屑之類堵塞不能呼吸時，就偏黃色的，缺氧狀態越嚴重，會變爲黃褐色到茶褐色，最後階段爲紅褐色，到這地步就成爲少年禿頭了。

而你的頭皮是偏黃色的，爲不健康的初期階段，用弱酸性營養劑來把堵在毛細孔的廢物加以清除，可以使頭皮變成白裡透青的膚色的。

★頭髮之膚色與光澤的關係
黃色
青白色
黃褐色→茶褐色→紅褐色，最後就成爲少年禿。
早些使用弱酸性營養劑把毛細孔加以大清掃

●頭髮蓬散者不能做巴布型（bob style）髮型嗎？

我所嚮往的是直髮的巴布髮型，如果能像山口小夜子模特兒（model）的髮型，那是漂亮極了。但是，我的頭髮不是直髮，既蓬散又粗硬，即使剪成巴布髮型，四周太大，整理不出好看的。目前留半長髮（semilong）並燙起來，可能的話，我還是要做巴布髮型。

◎從頭皮上根本處理是可能的

A

毛細孔堵塞，保護頭髮的毛皮膜剝落，頭髮就會蓬散，首先要從頭皮根本的來處理。用弱酸性營養劑及洗髮精最少試一個月後，會發揮驚人的效果。你所嚮往的巴布髮型，就不再是夢想，可以實現了。

★要做嚮往的巴布髮式
從頭皮加以處理使髮質蓬散的改善是必要的。

●為了讓頭髮長得快，先把髮梢剪掉？

不適合留短髮，故想留回原來的長髮，朋友告訴我，把髮梢一點一點的剪掉，頭髮會長得快，是真的嗎？

A

◎頭髮是由髮根長出來的，剪掉髮梢不會長得快

頭髮是由髮根長出來的，剪掉髮梢，也不會長得快，剪掉髮梢會長得快完全是騙人的。在頭髮分叉的情況，應從分叉處往裡面四～五公分剪掉，不然還會再分裂，斷然地剪掉吧！

這是剪掉分叉，而產生了剪掉髮梢會長得快的誤解，剪掉頭髮，頭髮就變短了，而你所希望的長髮，是需要花時間讓它長的。頭髮的長成平均一個月爲十公分。

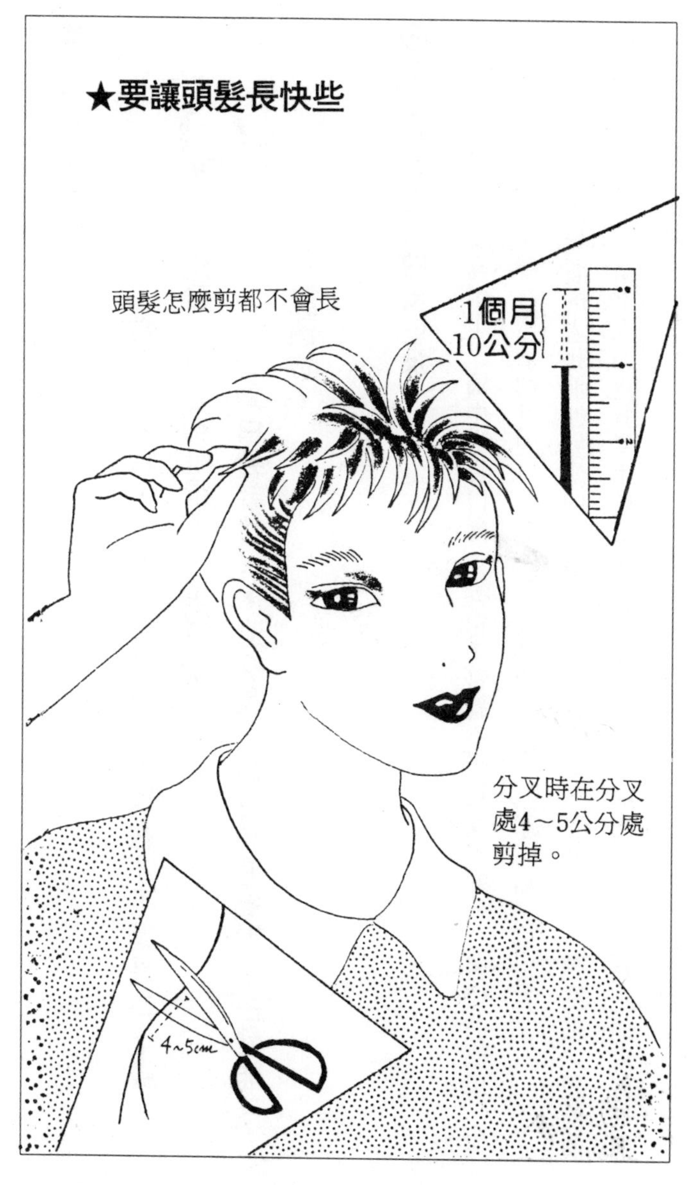
★要讓頭髮長快些
頭髮怎麼剪都不會長
1個月
10公分
分叉時在分叉處4～5公分處剪掉。
4~5cm

●怎麼拔都長白髮的問題

在十歲左右，發現少許的白髮，現在才不過是二十歲出頭，白髮卻是很多，覺得難看。

一看到白髮就拔掉，這樣長了白髮該怎麼辦？白髮能不能預防？

◎塗上髮霜免讓頭皮乾燥

A

最近聽到高中生、國中生長白髮，恐怕是營養不平均及不好飲食習慣的原因，而且考試、學校生活的壓力（stress）、過度的飲食（diet）的原因也有。

白髮是乾性髮質的人比油性髮質的人多，乾髮（dry hair）的樣式，是髮根、頭髮的脂分及水分少，空氣進入頭皮質產生乾燥，容易變成白質，故用較好的髮霜把頭皮好好的塗一塗來防止乾燥。

而且，每天洗頭的人使頭皮慢性的脂分、水分不足的狀態，也容易變成白髮。請要注意洗頭的次數。

其次，並不贊同像你那樣把白髮一根一根的拔掉，拔掉白髮更加成爲增長白髮的原因。白髮過度的拔除，拔去的毛細孔成爲空洞，空氣就由此進入使之乾燥。而從這樣的毛細孔再長出的，還是白髮。

那是惡性循環。

在頭部明顯之處長白髮，不得已拔掉時，在拔掉的痕跡上塗上山茶油，供給頭皮營養的同時會產生油膜，防止空氣進入。

白髮一生出來就拔，再生出白髮又拔，反覆的拔髮，恐怕就會變成少年禿，還是不拔的人較爲聰明。

★少年白髮的預防
營養平衡
不良的飲
食習慣。
壓力
飲食過度
乾性髮的人
的注意事項
乾髮型是因髮根及毛髮
脂分及水分少容易乾燥
，也易成白髮，用髮霜
抹在頭皮上是預防的第
一步。
髮霜

●何種髮式讓白髮不明顯

Q

頭的左右兩邊鬢毛附近有少年白髮，雖未到需要染髮的程度，但一有白髮很快就覺得變老，令人頹喪。然而雖想要染髮，總覺得像是婦人，因此不想染了。

不染髮又能使白髮不明顯的髮式有嗎？我現在的髮式是半長髮，微燙的。

⊙那是把長髮變成短髮的心理效果

A

如你所說，把用染髮劑（hair dye）染髮作爲最後的手段，首先還是在髮式的改變上做斷然處理。

你是長髮的話，剪短頭髮改變一下爲何?吹個浪對臉也清爽，白髮就不會像長髮時那樣明顯。

如果是長的直髮，吹個波浪也會比直髮時，不易看出白髮。把髮式用心來做，是讓白髮不明顯的方法之一。

年輕而長白髮，不要頹喪，視爲女人生命的頭髮，現在就照上述方法無微不至的小心照料，隨時都可散發屬於女性的美。

●有沒有不傷髮的染髮劑

髮際及耳後長出了白髮，而耳後比其他地方不易看到，因此不放在心上，髮際白髮數慢慢地在增加。以前沒有染髮的經驗，聽朋友說，染髮會傷頭髮，要用什麼樣的染髮劑才不會傷頭髮呢？

◎首先用弱酸性的毛染劑（hair color）局部染看看

A

年輕時把頭髮全部染上染劑是最後不得已的辦法，首先在白髮明顯的部位染染就可以了，簡單的染成棒（stick）型或睫毛式（mascara），這種在男性自己也會染，染髮的方法簡單。不會對頭髮有其他不良影響。

然而，鹼性的染髮劑會傷頭髮，弱酸性的毛染劑才可使用。

在使用弱酸性毛劑時，只有一件事是必須注意的，弱酸性毛染劑只對健康的毛髮有作用，如已被鹼性燙髮液之類傷害的毛髮，弱酸性毛染劑是染不上去的，如果以前你用過鹼性燙髮液燙髮時，在使用弱酸性毛染劑之前，先以弱酸性營養劑之類讓頭髮復活是必要的。

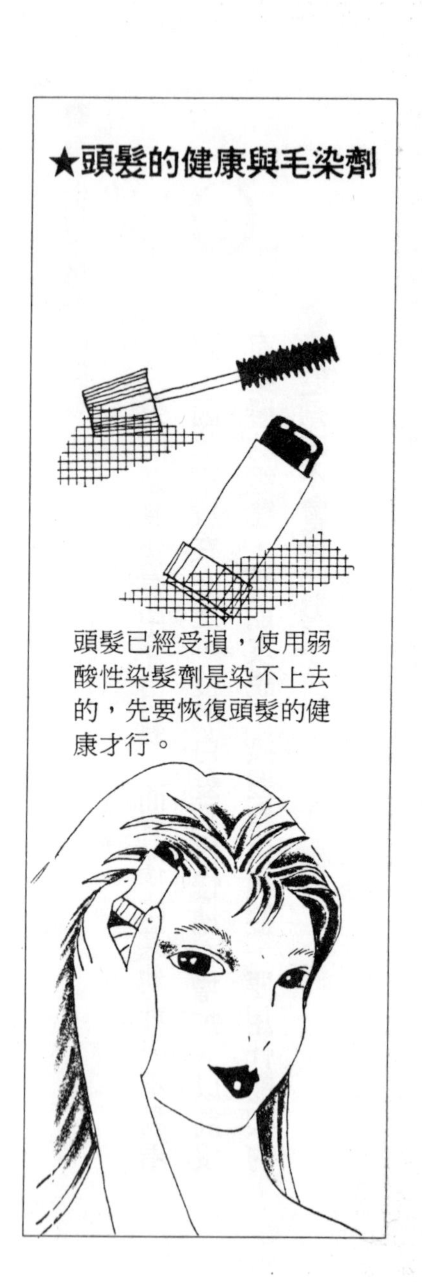

★頭髮的健康與毛染劑

頭髮已經受損，使用弱酸性染髮劑是染不上去的，先要恢復頭髮的健康才行。

●在家中染髮需注意那些事項？

我的頭髮很黑有重的感覺，要染成栗色輕的感覺。我的朋友跟我一樣的頭髮，染成栗色後非常漂亮，在家中也可以染吧！如果可以的話，要注意那些要項？

⊙染髮劑合不合體質有必要試試

A

我不鼓勵在家中染髮或脫色（bleach），在家中染髮時，必須遵守下列事項：

第一、在染髮之前，必須在手腕內側的皮膚上包著塗有染髮劑的布，再貼絆創膏二十四小時。皮膚如果變成茶色、發癢、起斑疹時，就不要在家中染髮或脫色，還是上美容院吧！

第二、就算皮膚試驗沒問題，身體狀況不好時，要避開頭痛及生理期，或刮稚毛而傷到皮膚時也不可以。

第三、注意不要讓染髮液跑進眼睛，萬一流入眼睛時，在乾淨的洗臉盆注入流動的水，再把眼睛徹底的洗一洗。

第四、染髮劑儘量不要觸及皮膚，然後再以弱酸性的潤絲精處理，例如，在清洗用的溫水中滴入檸檬汁，來做潤絲的工作，而後再一次塗上髮霜潤絲精。

以上事項不注意的話，會傷頭皮及頭髮。

★頭髮染一染就會漂亮嗎？

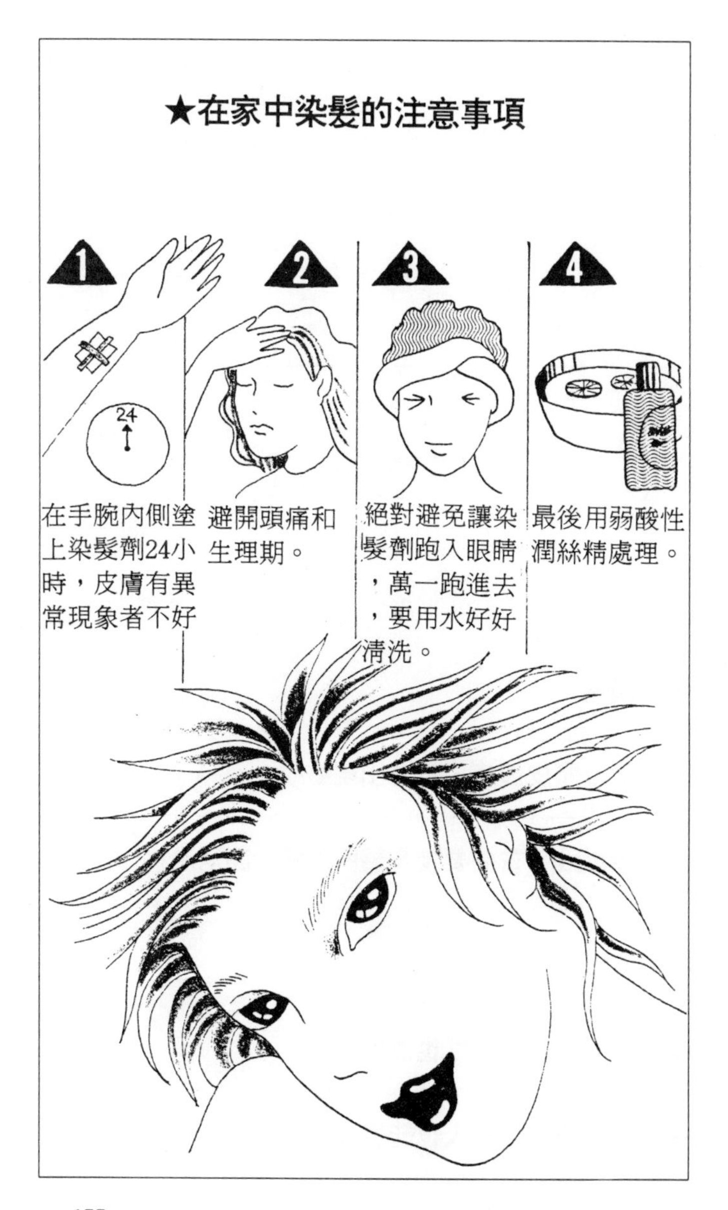
★在家中染髮的注意事項
1
24
在手腕內側塗上染髮劑24小時，皮膚有異常現象者不好
2
避開頭痛和生理期。
3
絕對避免讓染髮劑跑入眼睛，萬一跑進去，要用水好好清洗。
4
最後用弱酸性潤絲精處理。

你知道嗎？

◉頭髮及頭皮健康、不會出現皺紋

◉去除皺紋，首先要使身體的新陳代謝活潑

◉使雀斑變稀、變無

◉皮膚發炎、弱酸性也無所謂

◉即使皮膚衰弱的人也能擔任美容師

Haircare

4

以正確的護髮

讓皮膚回春

●為何才二十歲就起皺紋

二十歲前半年皮膚還是朝氣蓬勃的，而後半年皮膚很快的就失去光澤，並起皺紋，現在認為二十四歲是皮膚轉變期這句話是真的啊！

當發現皺紋以後，從基礎化妝品到最後一層（make up）化妝品，所有塗在皮膚上的都是最高級品，價錢也是最貴的，花了大筆錢卻沒有效果，要使皺紋消失，該怎麼辦？

◎能恢復頭皮及毛髮的健康，皺紋就會消失

A

首先把皺紋的形成加以說明，皮膚是很大的，由表皮、真皮、皮下組織三部分構成，其中真皮，在皺紋來講是具有重要的意義，具有青春活力的皮膚，是真皮的部分所含有的水分表現出來的。而且，真皮中的某些纖維質具有像噴泉（spring）的構造，緩和外來的刺激，而產生彈力。

可惜，隨著年齡增長，喪失噴泉的功能，皮膚的彈力消失就是起皺紋的原因。而除了老化之外，造成皺紋的原因也很多，其中之一就是强烈的太陽光線，長時間讓陽光直接照射時，這種真皮細胞就被破壞，特別是皮膚白的女性，就更容易起皺紋。

由脂肪或脫水也會起皺紋。洗臉時，肥皂、洗髮精、面霜之類沒有確實清除而棄之不管時，也是起皺紋的原因之一。

還有，錯誤的按摩法也會起皺紋，尤其在意眼角部位的皺紋，在皺紋的方向加以按摩是不妥的，按摩的原則是順著肌肉的方向來做的。

可是像你那樣年輕人的臉上皺紋，大多是錯誤的護髮所造成的，一旦護髮不妥，容易會造成皺紋。

簡單易懂來加以說明，通常所謂的皮膚，是頸和臉以下，而長髮的部分不叫皮膚，可是，毛髮是頭部皮膚所生的，頭皮和臉是連在一起，亦即，臉和髮不是不同的東西，而是頸以上的一個球體。

不是弱酸性的燙髮液、洗髮精會使頭皮變得不健康與鬆弛。這種鬆弛是因鹹性的燙髮液、洗髮精使頭皮膨潤，毛細孔中塞住的廢物無法向外排出所造成的。頭皮鬆弛時，依引力法則鬆弛的往下，亦即向臉降下，然後額頭、眼角、嘴邊等處就產生皺紋。

頭皮健康時則有彈性，當然不會在臉上有頭皮鬆弛而降下來的情形。

明白了吧！臉部的皺紋也許是護髮錯誤所造成的，因而要使臉部皺紋消失，頭皮的健康是第一重要的事。

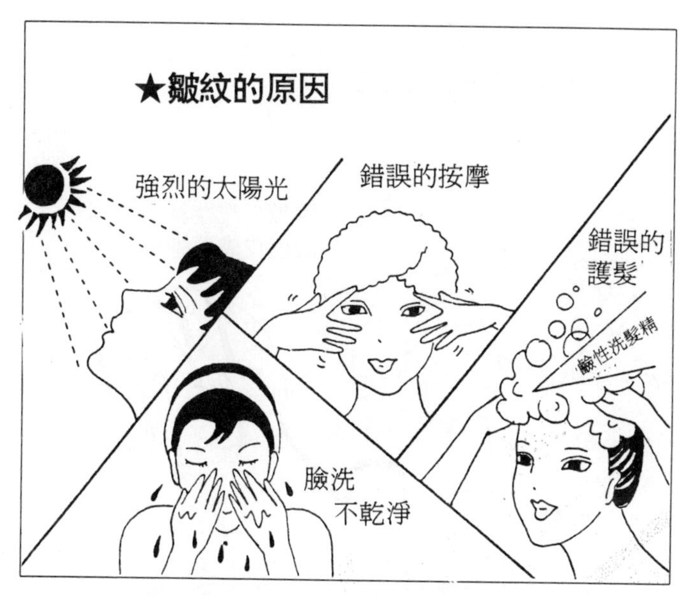
★皺紋的原因
強烈的太陽光
錯誤的按摩
錯誤的護髮
鹼性洗髮精
臉洗不乾淨

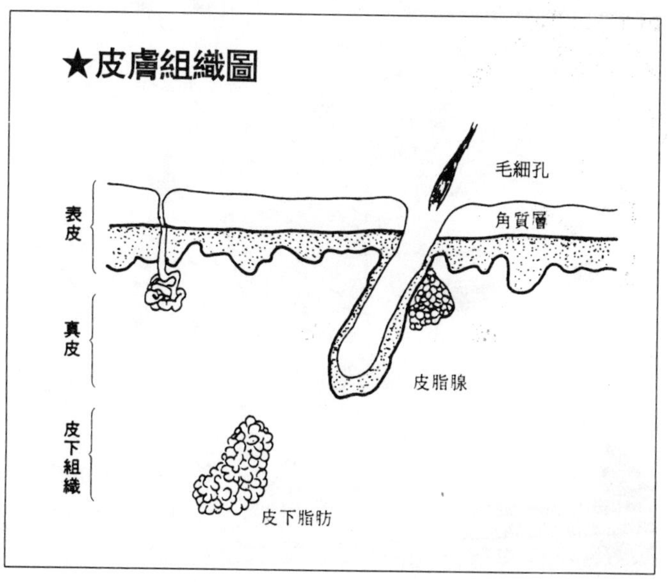
★皮膚組織圖
毛細孔
角質層
表皮
真皮
皮脂腺
皮下組織
皮下脂肪

★皺紋如何產生
因鹹性洗髮精、燙髮
液使皮膚鬆弛。
鹼性洗髮精
鬆弛受引力的作
用而掉到臉部。

●用維他命C黑斑不會消失

高中畢業第二年，最近皮膚上長了黑斑，雀斑原來在小時候就有一些，是黑斑還是雀斑分不清的茶色點有幾處，吃維他命C、蔬菜、水果儘可能的吃，有沒有其他方法來解決黑斑的問題？

◎試試讓新陳代謝旺盛的方法

A

尤其最近，受黑斑困擾的年輕女性好像多起來了，黑斑是皮膚比較淺的部分受色素沈積引起的。皮膚的細胞很快的繁殖，新陳代謝旺盛時，就算長黑斑，過了一個月，會自然的去除，而回到原來漂亮的皮膚。

可是，新陳代謝不旺盛時，曾經產生的黑斑色素就沈積下來。

以黑斑形成的原因來看，有女性賀爾蒙的失調、肝臟機能不好、消化器官障礙、貧血等，身體不健全狀態時，首先到附近的內科醫院做診察，檢查有沒有內臟機能疾病。再來就是多吃富含維他命C的草莓、奇異果（kiwifruit）、西瓜、橘子、番茄、綠色蔬菜等。

不然，就以外來的原因來看起黑斑的原因，日光引起的炎症或化妝品的影響，特別像你那樣的年輕人，是每天洗頭吧！或使用鹹性洗髮精與鹹性燙髮液，使已不健康的頭皮和毛髮更的加快腳步惡化。

頭皮、毛髮因使用鹹性燙髮液及洗髮精而引起不健康時，不只是頭皮，與頭皮相連的臉皮也會不健康，不健康皮膚的毛細孔裡堆積著廢物，皮膚無法呼吸，皮膚新陳代謝所必須的氧氣進不去。

弱酸性的燙髮液及營養劑，會將頭皮的廢物取出，供給皮膚氧氣，使老的皮膚新陳代謝，皮膚的新陳代謝旺盛起來，黑斑必然的就會消失。

★黑斑的成因？去除方法？
吃富含維他命C的食物。
檢查內臟機能。
黑斑原因
因曬傷的發炎
鹹性的護髮

●雀斑能不能除掉？

有人告訴我，黑斑是後天性的除得掉，雀斑則是先天性的除不掉，我小時候就是滿臉雀斑，總希望能在美容院來加以消除。

是生來就有之物，會不會很困難。

◎無法消除，但可使變薄

A

白皮膚的人較易長雀斑，而容易曬傷的人也容易呈現出來，故在預防上，要避免强烈陽光直接照射，受到紫外線照射時，黑色素（Melauin）增加，而雀斑會顯著，小時候照的，經過長期間這樣的努力與用心，雀斑可以預防。

像你說的，黑斑確實是後天性的，雀斑是先天性的，黑斑在護膚（skincare）後可以預防，而雀斑是除不掉的，然而，請放心，雀斑可以變薄而不明顯。

我自己小時候長了很多雀斑，上女校時，對雀斑總是被同學指指點點而比姓名更出名，然而在弱酸性美容法及飲食習慣改善下，現在不化妝的臉也不需靠近鏡子來看，一點也不在意有沒有雀斑了。

使我的雀斑變薄的弱酸性美容法，是在頭皮上做的，而不是在臉上做的。以弱酸性營養劑將頭皮毛細孔的沈廢物加以清除，弱酸使皮膚拉緊，及供給氧氣等作用。

從頭皮送入氧氣，頭皮下的細胞就旺盛的作用起來，然後，不只頭皮，與頭皮相連的臉部皮膚、皮下組織都進行旺盛的新陳代謝。

弱酸性營養劑有這樣的作用，是使雀斑變薄而不明顯的效果。

我的雀斑就是那好的樣本，不只是我，常用弱酸性營養劑或燙髮液的人，都爲雀斑變薄而感到高興。

★要除掉天生的雀斑

雀斑是無法去掉的，但可以讓它變薄而不明顯，在頭皮使用弱酸性營養劑，供給拉緊皮膚的氧氣。

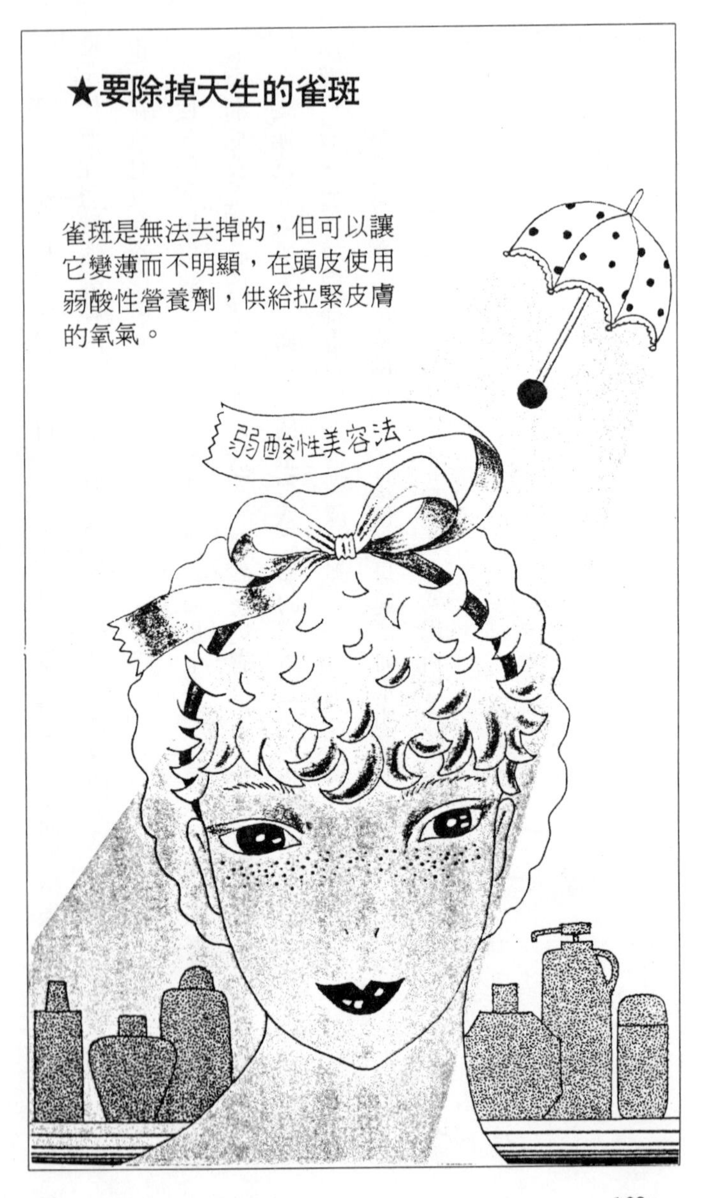

●燙髮就起斑疹

大概是皮膚不好，燙髮後，經常在頭皮、髮際、額頭等處起斑疹，像我這樣皮膚不好的體質，因燙髮而起斑疹的人，對它沒有辦法，應該死心了。

◎弱酸性燙髮應該沒有問題

A 普通的燙髮液是抹在頭髮上，不可抹在皮膚上的，可是無論如何都會抹到皮膚上，「燙髮後接著就是頭皮屑，沒辦法」、「掉髮增加了」、「頭皮癢」、「皮膚刺痛」等等抱怨出來了。像你那樣皮膚不好的人或異常過敏症（Allergie）的人特別是對一般的燙髮液，經常會發生皮膚問題（skin trouble）。

弱酸性燙髮液就不必擔心抹到皮膚上，把任何地方的毛細孔清除沈積廢物，使氧氣能送進去的作用，頭皮、毛髮就會生意盎然起來。

爲了漂亮的髮式而燙髮，皮膚托福而能克服膨潤，皮膚會可愛起來，用弱酸性燙髮，來品嘗這種效果吧！

★一燙髮，皮膚就起斑疹

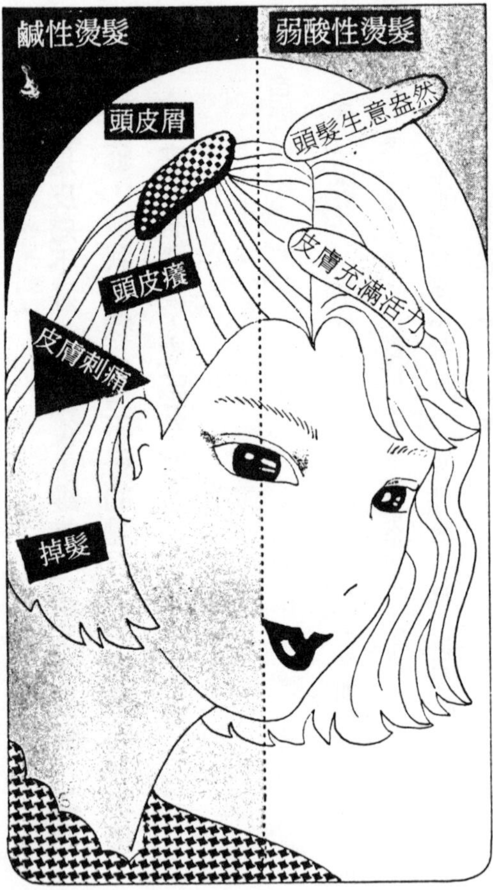

●因燙髮液使手皸裂，不適做美容師嗎？

做為美容師是我小時候的夢想，現在正在美容學校上學。畢業後理所當然地從事所嚮往的美容師工作，現在所困惑的是，皮膚不好，一碰到燙髮液，手就皸裂得厲害，到皮膚科治療，用藥也沒治好。

只有在學校上課就這樣使手皸裂！如果不能從事一天之中必須燙好幾次頭髮的美容師，我想，將來的日子是黑暗又無法企盼的。

◎用我推薦的弱酸性燙髮液就沒問題

A 做爲美容師，手都皸裂了還沒關係的驚人報告出現。

桃山學院大教授、飯島伸子先生的調查中，美容師的職業病有腰痛、胃腸病、頭暈、生理痛等。

這是不足爲奇的，我認識的美國美容師，拿著棒卷做了三十五年的燙髮，她的小孩，有心臟穿孔、背脊彎曲等的怪病。

日本的美容師，也心中有生下就神經失常的孩子的煩惱，爲什麼？不斷地有人說，美容師的孩子總是有些症狀。然而，這些都是過去的傳說。

我所提倡的弱酸性燙髮液，既不會讓手皸裂，也不必擔心小孩們會帶來什麼病症，我的美容室裡的美容師們，手都很漂亮，以前燙髮不好的傳言都事先知道了之故。

下次試試弱酸性美容法，對妳的將來會有所幫助。一圓美容師的夢想。希望能成爲替顧客的身體設想的美容師。

★女子美容勞動者的身體異狀

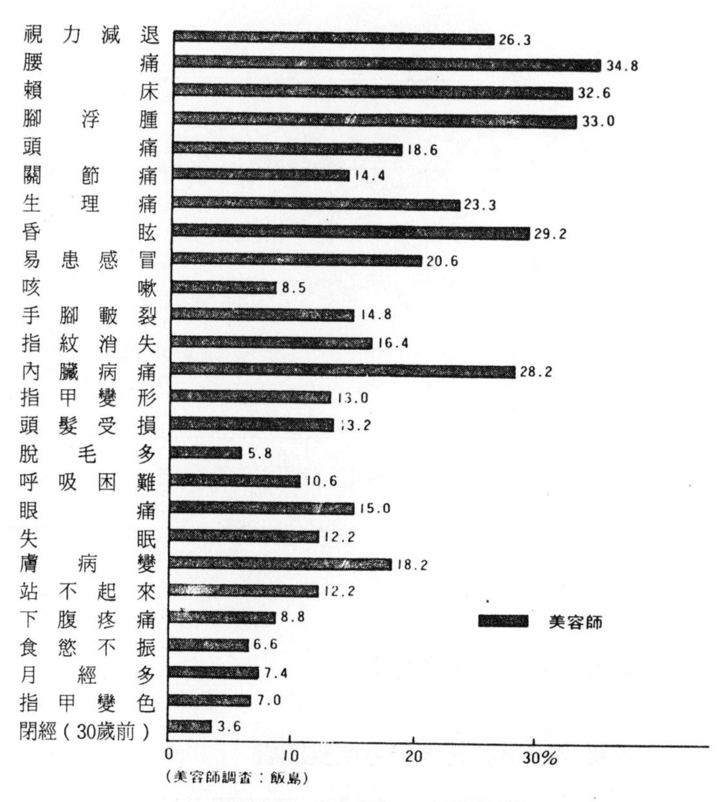

（美容師調査：飯島）

★女子美容勞動者資格別、身體異狀的有無別

	總　數	有資格者	練習生	實習以外
總數	100.0%	100.0%	100.0%	100.0%
有	25.1	29.7	24.5	15.8
無	74.5	69.9	74.9	84.0
不明	0.4	0.4	0.6	0.2

（1956年勞動部調査）

你知道嗎？

◉女性的頭髮隱藏著魔力。

◉等電生理學的新理論可改變頭髮。

◉弱酸性護髮液，將廢物排出體外。

◉依實際調查，不太健康的美容師很多。

◉健全的心情寄託在健康的頭髮。

Haircare

5

喚回頭髮的健康

由新理論產生的護髮秘訣

●女性的頭髮隱藏著魔力

頭髮也應該說是臉框，圖畫是由畫框把它繫起來的，臉也是一樣，將臉蛋框起來的頭髮生意盎然的美觀，由髮式對臉蛋的調和（match），使你的臉也能有最大限度的生動和魅力。

女性對臉的皮膚保養費盡心思，與臉的整修、化妝來比，護髮的時間、金錢就差得多，那是知識尚未普及，對我來說是相當遺憾的，看過多少個臉部閃閃發光的男士，頭髮不美時，刻意磨過的臉就像死人一樣，也只有臉與髮，亦即護膚、護髮兩方面都用心的人，才配得上稱爲真正在追求自己隱藏起來的魅力和美觀的人。

自古就有頭髮是「女人的生命」、「頭髮是神」等說法，想一想，頭髮真是不可思議的。

剛生下來的嬰孩，頭髮輕飄飄地無依無靠的稚毛，隨著成長，做

頭髮是神
神秘力量
女人的力量

爲人類的活動而成爲黑而長的毛，而終於進入老年過著安閒的生活時，就變白了，掉落了。就以人而言，頭就是剛生下來的嬰兒一般。而死後肉體腐爛，頭髮還在長。

古人就感覺頭髮之不可思議，認爲神住在頭髮上，而把頭髮拿來做祭神和詛咒的材料，特別是女性的頭髮，被認爲是連象都可以綁住的神秘力量。因此，在日本女性的頭髮是負的力量，亦即不需具有魔力，隨時對頭髮注意，小心翼翼的繫著。

●考慮到頭髮的健康嗎？

與古時候的女性相比，現代女性對頭髮的注意又怎樣了？

古時候女性保持著黑色的長髮，而現代的女性可以隨意變更髮式，直髮的人卷個波浪，喜愛短髮的人就去剪髮，要讓頭髮發亮就塗上頭髮指甲油，爲了給人柔和的印象，烏溜溜的秀髮染成栗色，走在流行尖端的（fashionable）年輕女性，去跳迪士可（disco）時，在頭髮噴金、噴銀等，過度享受華麗頭髮流行（hairfashion）的樂趣。這種情況，讓相信頭髮是神的古代女性看到的話，想必大吃一驚。這豈不是觸怒了住在頭髮上的神嗎？而心裡難過。

現代女性的確擁有學校教育所教授的優異科學知識，對於頭髮是透過神，由處理方法產生魔力的神秘想法不能苟同。比起對頭髮的恐懼，寧願從女性美好的積極性表現方法來捕捉頭髮的，就是現代的女性。

然而我認爲，把愛美作爲優先而過分追求時，頭髮的健康不就被視爲第二順位了，只有頭髮生意盎然般的健康，才配稱爲富有魅力的美髮。而任意地用化學藥品來傷害頭髮，讓頭髮叫苦連天的情況，只有對美盲目追求的人，我不認爲是聰明的做法，而且，也不能稱爲直正的美。

在本章裡，爲了保持頭髮的健康美方面，爲什麼我會不勝其煩的說明弱酸性護髮很好，在本書序言中已經講了很多，從對鹹性的冷燙液的懷疑開始，而著手弱酸性燙髮液的研究，經過十五年，才把弱酸性燙髮液開發出來。現在不僅燙髮液，以至於所有的護髮用品，我認爲弱酸性是最理想的美容品。

我希望將我的弱酸性護髮理論以淺顯易懂的方式寫出，而頭髮的科學故事，隨時會出現難懂的專門用語也說不定，但是，爲了讓你的秀髮隱藏的美感表現出來，並爲了創造其健康性的美觀，還是請你充分瞭解弱酸性護髮的理論與實際。

●雖是全新的理論，會改變你的頭髮

弱酸性護髮的基本，是人類的毛髮和皮膚都是蛋白質所構成，其性質是弱酸性的。

你也在學校化學課程中學過pH（酸鹹值）相關的知識，pH是用來表示物質是屬酸性或鹼性，在鹼性與酸性正中間，爲中性，pH就是7，比pH 7數字多的爲鹼性，少的爲酸性。

所謂弱酸性，用pH來說，從pH 6至pH 5前後的酸度，人類的頭髮、皮膚就相當於這個值，在化學上來說，是弱酸性的蛋白質，蛋白質與鹼性物質相接觸時，產生膨潤作用，吸收水分而膨脹起來，終於出現腐敗的性質。

將蛋殼挖開，把鹼性的冷燙液注入時，蛋就一下子膨脹起來，最後會散發出像硫黃那般的臭味，與蛋腐爛時的臭味一樣，鹼性燙髮液注入蛋中，先產生膨潤作用，然後腐敗。

可見，鹼性燙髮的作法，是讓頭髮在腐敗前一階段的膨潤狀態燙髮浪。因爲將頭髮膨潤後容易燙髮浪。

爲何鹼性燙髮容易燙髮浪呢？

頭髮是蛋白質中的角質（keratin）做成的，角質約爲二十種氨基酸（aminoacid）所組成，這些氨基酸都與半胱氨酸（cysteine）

★皮膚酸鹼值的變化

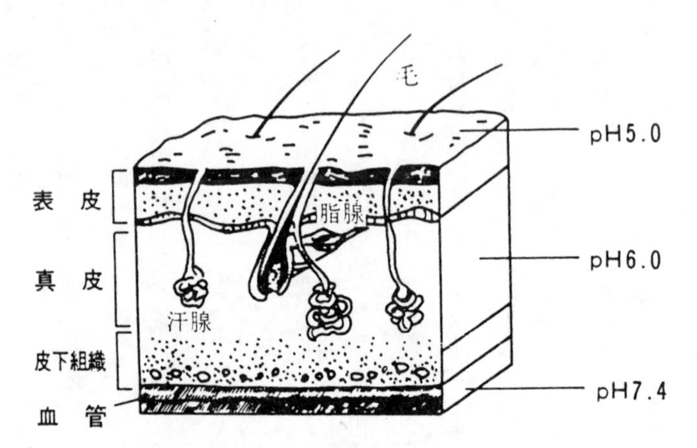

★毛包基部的立體圖

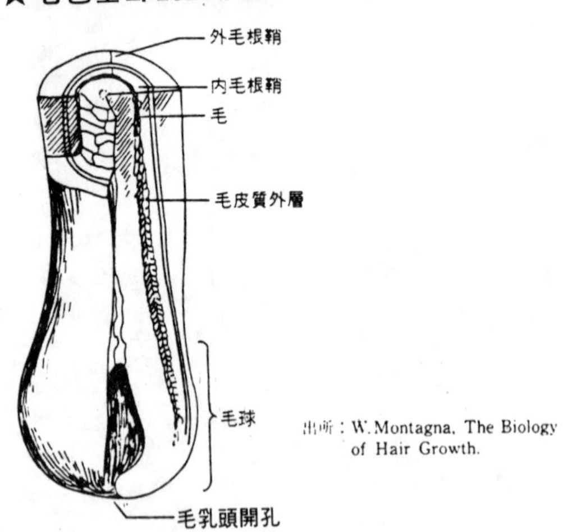

出所：W. Montagna, The Biology of Hair Growth.

相連。半胱氨酸對頭髮有相當大的功能，而半胱氨酸的重要功能是，使頭髮具有强度與彈力性，頭髮中含有半胱氨酸時，頭髮就是所謂具有韌性、光澤的健康頭髮了。

可是，半胱氨酸的强度與彈性，要以人工的將頭髮做波浪，是很麻煩的東西，把波浪做好了，馬上又恢復原狀。但以鹹性燙髮浪將頭髮膨潤後，頭髮中的半胱氨酸的强度和彈性就被切斷了，因而，就可以很容易的做出想要的髮浪。

相反的，我所推薦的弱酸性燙髮液，沒有對半胱氨酸起作用，可以維持頭髮原有的强度與彈性。使含有半胱氨酸，亦即蛋白質的頭髮强而有力的最佳作用，是在pH5的狀態。亦稱爲等電點。

告訴我這個等電點的是東京農大名譽教授伊東信吾。伊東先生是等電生理學研究的第一人。我所開發出來的弱酸性護髮劑的 值，是照著伊東先生告訴我的，等電點pH5左右用來做髮浪的。而在燙髮液之外的護髮用品，如營養劑、毛染液等等，也都具有以等電生理學的等電點相近的PH值。

弱酸性護髮不傷頭髮，而且可以保有頭髮的強度與彈性，但對做護髮的美容師來說，卻不能說是簡單而便利的護髮法。因而在進行燙髮之際，任何熟練或習慣的人，也要用弱酸性燙髮液用的特殊技術。

而且，人類的頭髮、皮膚都可說是弱酸性的，但每一個人的PH值還稍有不同，因而，一邊做燙髮，一邊要調整PH值至等電點而讓它安定，不論如何費手腳，爲了確保顧客頭髮的健康，費些工夫是不能吝嗇的。

●廢物排出體外

有關弱酸性護髮，還有一件想要附帶說明的，是關於弱酸性營養劑的效果問題。

用弱酸性營養劑處理時，會因不同的人而在營養液上出現各色各

★化學中性與生理中性的 pH 值全然不同

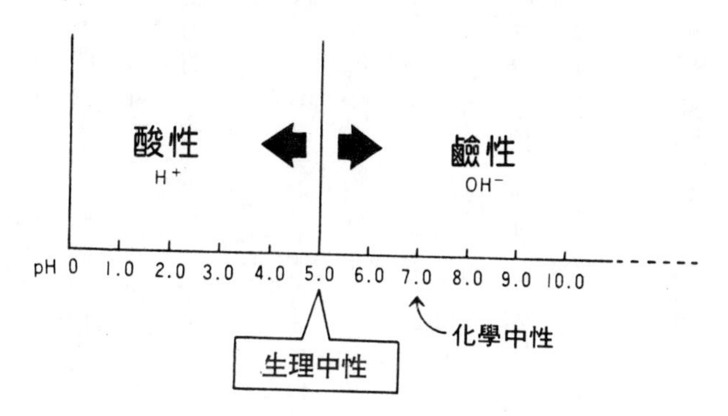

★對頭髮與皮膚最適合的 pH 值為何？

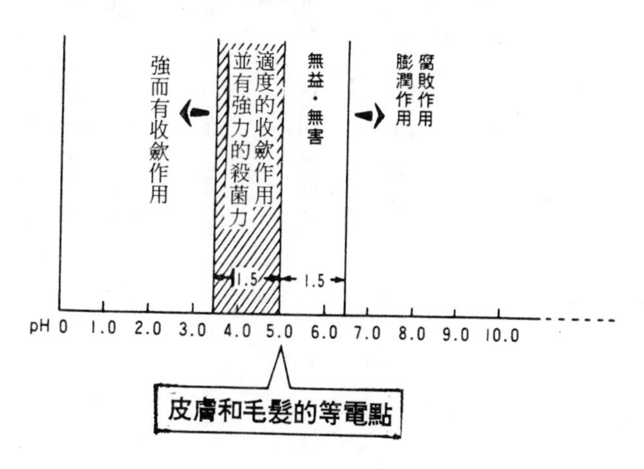

樣的污物，這是頭皮或毛髮的廢物，因弱酸性營養劑把它排出來。而弱酸性營養劑處理後，在營酸液裡出現的東西有原油、極少的貝殼狀物，PCB（多氯聯苯）、鉛等等，這是滲入頭皮或毛髮中，被弱酸性營養劑把體內的廢物或異物運出體外。

這在生理學上稱爲主動運輸，而能將廢物運出體外，但在生理學上仍然是個謎，尚不以學術上的方法加以瞭解。

告訴我這件事的是物理學家三石嚴先生及已故醫師梅田玄勝先生。我本身也是以美容師使用營養劑的經驗中瞭解，弱酸性的溶液確實能把體內的廢物運出，然而事後保養（after care ）怎麼做較好呢？這個問題將作爲我今後的研所追求的方向。

現在應已瞭解弱酸性護髮是最適合頭髮的吧！

●把健康搞壞的美容師很多何故？

社會學者桃山學院大學社會學部教授飯島伸子，由本身的經驗出發來做美容師實態調查。（這結果在飯島老師的『頭髮社會史』中有詳細記載，要徹底瞭解的人請參閱該書）

以飯島老師從美容師實態調查的起首經驗來說，是頭髮染成栗色的，在漂白之後，飯島老師的頭髮每次洗頭都帶黃色，而且失去滋潤蓬蓬散散，先生就非常後悔。想要挽回原來的黑髮而上美容院時，這次是用染髮劑把頭髮染成黑色，只有在顏色上是黑色的頭髮，而頭髮漂白後一定要用染髮劑，頭髮已經完全損壞了。

在此之前，飯島老師從美容師那裡聽到下列的事情：

「美容師再一直繼續做下去的話，身體就會全身是病，這是不能做久的職業。」

「最近，身體的情況很差，想早些辭掉美容師的工作。」

像這些由美容師自己口中講出來的話，令她的心繃得很緊，而且在飯島老師懷孕時，又從婦產科醫師那裡聽到：

「孩子生下來之前不要上美容，絕對不能燙髮。」老師就向認識的醫師問，爲什麼懷孕時不可以上美容院，他的答案是：「在美容院使用的燙髮液、噴劑、染髮劑之類的藥品，恐怕會帶給胎兒不利的影響。」

這些事情把飯島老師推向美容師調查的工作。老師的調查分成性別組成、年齡組成，世襲率和規模等多方面，在此，介紹的是與健康有關的調查結果。

美容師的實習生（intern）三人有一人，而一般從業員則四人有一人引起皮膚病變，其原因是鹹性的燙髮液及洗髮精。

而會有昏眩的美容師人數很多，其原因是鹹性燙髮液氯化時產生氨氣（ammonia），然後是頭髮噴劑、指甲油，指甲油中含有除光劑之有機溶劑之類的有害物質，這些佈滿了美容院的空氣，美容師一天到晚一邊吸收這種空氣一邊做事，就產生了昏眩的症狀了。

飯島老師懷孕時，婦產科醫院要她注意不要上美容院，是要她留

★美容師的病

心美容院中的空氣裡含有有害物質的不良影響。

不只在空氣中，美容師直接用手接觸的東西上，也含有害物質，那就是鹹性洗髮精、燙髮液、染髮劑，頭髮漂白劑等，這些被皮膚吸收，也是造成昏眩的原因。

其他美容師常患的病症有，胃腸傷害（因吃飯時間沒規律）、腰痛及頸肩腕酸痛（工作中有肩、頸、腕、腰過度負擔）等，還有視力減退，是因工作時，眼睛靠近鹹性的燙髮液、染髮劑、頭髮噴劑之故。

在美容師的工作環境中對健康有害的因素很多，這樣的事情，簡直也對上美容院的顧客置於與美容師一樣的不健康環境。

腰痛、頸肩腕酸痛是美容師的工作後遺症與顧客沒有關係，而皮膚傷害、昏眩、視力減退原因與鹹性的燙髮液、染髮劑、頭髮漂白劑、洗髮劑、噴霧劑、指甲油、指甲油除光液等，同樣讓顧客由呼吸器官和皮膚大量吸收。在不知道對身體有不良影響的鹹性燙髮液洗髮精、噴霧劑，而在頭髮上使用的人，看到了上述的情形應該會大吃一驚的，大家上美容院是爲了美容，可是，因爲美容而犧牲健康的話，豈不是太可怕了。

現代可謂是追求健康的潮流（healthy boom），不僅在頭髮的美觀方面而已，也從健康方面，在護髮上更加的關心，流行感受出衆，爲了確保健美計劃而積極在調整身體狀況的人，食用自然食品的人都在增加，而對我的健康護髮關心的，也一定會像健美計劃和調整身體狀況一樣進入女性的生活型態（lifestyle）。

●燙髮歷史的回顧

讀者們，想必在對人類身體有害物含量那麼多的鹹性護髮用品，爲何使用得這麼普遍而存著疑問，這個背景裡有燙髮的歷史。

在日本剛開始大流行燙髮是在昭和初期，當時的燙髮，先以化學藥品塗在頭髮上之後，爲了讓化學藥品充分的滲透到頭髮，而在紅外線燈（lamp）下坐上好幾個鐘頭的方法，這技術是由歐洲向日本登陸的，日本的女性之間也就大流行起來。而在這方法之前，是用燙斗（iron）來燙髮浪，用燙斗式的燙髮，由於髮浪很快就消失而流行不起來。因而，促使可以長時間保持髮浪的燙髮出現，愛美心强的年輕女性欣喜若狂。

用化學藥劑與紅外線的燙髮方法，英國的美容化學家查理斯（Charles）在一九〇六年發明的，在當時，對歐洲與日本女性，滿足其美的好奇心有著很大的貢獻。

其發明的燙髮，最初在紅外線下坐著的時間相當長，無論如何必須坐上八～十二小時，而女性爲了對美的嚮往，也都用了這個方法。其後，在一九二七年美國美容師安東尼奧把查理斯的燙髮法加以改良，因能縮短在紅外線下照射的時間，在世界上大爲流行。而進到日本的就是安東尼奧改良的燙髮法。

查理斯的發明，經安東尼奧改良的燙髮是利用熱的方法，故稱爲熱、波浪、整髮，這種熱、波浪的方式，是用熱將女性的頭髮損害嚴重，燙髮流行的昭和初期就有這樣的流行歌曲。

燙髮燙髮火來燒
看著看著火燒傷
禿了頭上髮三根
啊啊怪不好意思
燙髮燙髮別再說

熱、波浪方式的燙髮，這樣讓火燒傷而卷曲，但禿了髮，及由化學藥劑的傷害使美容師的健康受損。

●使頭髮及身體變差的你的作法

用化學藥劑的燙髮，最初是由歐美幾乎同時發明的冷、整髮、波浪方式，這與熱、波浪方式用熱來燙髮相反，是以化學藥劑冷卻狀態來做燙髮，故稱爲冷、波浪、整髮。冷、波浪方式登陸日本是在一九三八年左右，在此時還不是一般的，而冷、波浪方式的普遍化，是在戰後美國駐軍的太太或女兒之間所用的，因而，日本女性也向她們學，這種冷的、波浪方式的髮液是鹹性，從此，普遍使用的燙髮液成爲鹹性。

在前面介紹過的桃山學院大學社會學部教授飯島伸子，以美容師實態調查，從使用鹹性燙髮液的美容師和使用弱酸性燙髮液的美容師兩方面調查健康。

由他的調查結果，使用鹹性燙髮液的美容師，其皮膚傷痛（指紋消失、指甲變形、指甲變色、濕疹）、頭痛、眼痛等的發生率在二人中有一人。

由鹹性改換成弱酸性的是美容師，這些症狀就大大地減爲二十人中有一人，雖然減少了，還是會有人得病，那是在改換爲弱酸性液劑前使用的鹹性液受到損害而遺留下來的。飯島老師從由鹹性液改換爲弱酸性液，進而恢復健康的美容師間做調查，將一部份的實例加以介紹：

◉S．S小姐，一九三三年生，神奈川人

「傍晚忙的時候，手好像被溶化似的，手好像不可以碰到燙髮液一樣嚴重的程度，改用碟子裝燙髮液，以筷子把燙髮液撥到頭髮上來操作，而洗髮時，必須用這樣嚴重狀態的手來做，沾上了就痛，非常辛苦。而當上了老板後，就不再碰燙髮液、也不洗髮，手的情況就逐漸好轉，可是母親在診斷出癌症時，在手術上想要用我的血來輸血，因發現貧血而不可以輸血。然後，把燙髮液改爲弱酸性的，於今年檢查時貧血已經好了，現在手不再皸裂，非常健康。」

◉Y．O小姐，一九四四年生，沖繩人

「在當美容師之前非常健康，而開了美容院之後，就好像得了各種病，像貧血、肝臟病、腎臟病、胃痛等等。生產時也很辛苦，生第二個之前並不會這樣，生第三個皮膚是黑色的，因此懷疑是丈夫不正經所造成的，而生產後腰痛嚴重，幾乎是起不來。生第四個時，雖裝了氧氣吸管，還是喪失意識，就在這種狀態下把孩子生下來，生下來的孩子不哭，羊水就像排水溝的水一樣髒，孩子在胎兒時，泡在這麼髒的羊水裡，所幸，孩子命是保住了，但很瘦弱。改爲弱酸性燙髮液之後，血液就變得非常乾淨，捐血時都被問到『你真的是美容師

嗎?』腰痛也消失了。」

◉T．I小姐，一九三五年生，福岡人

「因燙髮液，使指甲連根剝落，指尖爛得紅紅的，抽痛，爲了避免直接接觸而帶手套燙髮，患有懼冷症、貧血、低血壓，並在二十九歲時動了膽結石手術。四十三歲又動了子宮癌手術，爲了防止癌症再發，接受鈷（cobalt）療法，白血球急遽減少，因使用弱酸性液，使白血球減少得以改善，連醫師都很驚訝。」

◉S．A小姐，一九三三年生，東京人

「本來的體質很健康，做了美容師後，不久生了長女，身體就變得不牢靠了，長女就必須以剖腹生產，之後連續兩次流產，隨著生了次女，則是氧氣不足的症狀爲蒼黑色的皮膚，生產次女醫院的醫師說『這孩子不知怎麼，血中氧氣很少』，還對助產士說『爲何美容師生的孩子會是這樣子的』令我終生難忘。次女生出後，發現心臟瓣膜缺損，而接受心臟手術，手術後，不容易止血，而因肺炎併發症死了。從五年前開始改用弱酸性燙髮液，變得健康了，我與長女都連續使用弱酸性頭髮營養劑。丈夫因患胃病，也讓他使用弱酸性頭髮營養劑，現在，我及全家都很健康。」

就如上述，不僅美容師本身的身體，其小孩也會被弱酸性以外的燙髮液不良影響所波及，弱酸性護髮，不只是對光顧美容院的顧客，連對美容師的健康也有助益。

「健康的身體才有健全的精神」，而以我這一行的來說，

「健全的頭髮，才會有健全的賞美心得」，務請各位先生女士，使用不會危害健康的護髮，共享健康與漂亮的樂趣。

作者：山倚伊久江聯絡處
〒113
日本國東京都文京區白山一－三二～一〇
TEL：〇三－八一三－六二三四（代）

大展出版社有限公司 圖書目錄

地址：台北市北投區11204
致遠一路二段12巷1號
郵撥： 0166955～1

電話：(02) 8236031
8236033
傳眞：(02) 8272069

• 法律專欄連載 • 電腦編號 58

台大法學院 法律學系／策劃
法律服務社／編著

①別讓您的權利睡著了[1]	200元
②別讓您的權利睡著了[2]	200元

• 秘傳占卜系列 • 電腦編號 14

①手相術	淺野八郎著	150元
②人相術	淺野八郎著	150元
③西洋占星術	淺野八郎著	150元
④中國神奇占卜	淺野八郎著	150元
⑤夢判斷	淺野八郎著	150元
⑥前世、來世占卜	淺野八郎著	150元
⑦法國式血型學	淺野八郎著	150元
⑧靈感、符咒學	淺野八郎著	150元
⑨紙牌占卜學	淺野八郎著	150元
⑩ＥＳＰ超能力占卜	淺野八郎著	150元
⑪猶太數的秘術	淺野八郎著	150元
⑫新心理測驗	淺野八郎著	150元

• 趣味心理講座 • 電腦編號 15

書名	副題	作者	定價
①性格測驗１	探索男與女	淺野八郎著	140元
②性格測驗２	透視人心奧秘	淺野八郎著	140元
③性格測驗３	發現陌生的自己	淺野八郎著	140元
④性格測驗４	發現你的真面目	淺野八郎著	140元
⑤性格測驗５	讓你們吃驚	淺野八郎著	140元
⑥性格測驗６	洞穿心理盲點	淺野八郎著	140元
⑦性格測驗７	探索對方心理	淺野八郎著	140元
⑧性格測驗８	由吃認識自己	淺野八郎著	140元
⑨性格測驗９	戀愛知多少	淺野八郎著	140元

⑩性格測驗10　由裝扮瞭解人心	淺野八郎著	140元
⑪性格測驗11　敲開內心玄機	淺野八郎著	140元
⑫性格測驗12　透視你的未來	淺野八郎著	140元
⑬血型與你的一生	淺野八郎著	140元
⑭趣味推理遊戲	淺野八郎著	140元

・婦 幼 天 地・電腦編號 16

①八萬人減肥成果	黃靜香譯	150元
②三分鐘減肥體操	楊鴻儒譯	150元
③窈窕淑女美髮秘訣	柯素娥譯	130元
④使妳更迷人	成　玉譯	130元
⑤女性的更年期	官舒姸編譯	130元
⑥胎內育兒法	李玉瓊編譯	120元
⑦早產兒袋鼠式護理	唐岱蘭譯	200元
⑧初次懷孕與生產	婦幼天地編譯組	180元
⑨初次育兒12個月	婦幼天地編譯組	180元
⑩斷乳食與幼兒食	婦幼天地編譯組	180元
⑪培養幼兒能力與性向	婦幼天地編譯組	180元
⑫培養幼兒創造力的玩具與遊戲	婦幼天地編譯組	180元
⑬幼兒的症狀與疾病	婦幼天地編譯組	180元
⑭腿部苗條健美法	婦幼天地編譯組	150元
⑮女性腰痛別忽視	婦幼天地編譯組	150元
⑯舒展身心體操術	李玉瓊編譯	130元
⑰三分鐘臉部體操	趙薇妮著	120元
⑱生動的笑容表情術	趙薇妮著	120元
⑲心曠神怡減肥法	川津祐介著	130元
⑳內衣使妳更美麗	陳玄茹譯	130元
㉑瑜伽美姿美容	黃靜香編著	150元
㉒高雅女性裝扮學	陳珮玲譯	180元
㉓蠶糞肌膚美顏法	坂梨秀子著	160元
㉔認識妳的身體	李玉瓊譯	160元
㉕產後恢復苗條體態	居理安・芙萊喬著	200元
㉖正確護髮美容法	山崎伊久江著	180元

・青 春 天 地・電腦編號 17

①A血型與星座	柯素娥編譯	120元
②B血型與星座	柯素娥編譯	120元
③O血型與星座	柯素娥編譯	120元
④AB血型與星座	柯素娥編譯	120元

⑤青春期性教室	呂貴嵐編譯	130元
⑥事半功倍讀書法	王毅希編譯	130元
⑦難解數學破題	宋釗宜編譯	130元
⑧速算解題技巧	宋釗宜編譯	130元
⑨小論文寫作秘訣	林顯茂編譯	120元
⑪中學生野外遊戲	熊谷康編著	120元
⑫恐怖極短篇	柯素娥編譯	130元
⑬恐怖夜話	小毛驢編譯	130元
⑭恐怖幽默短篇	小毛驢編譯	120元
⑮黑色幽默短篇	小毛驢編譯	120元
⑯靈異怪談	小毛驢編譯	130元
⑰錯覺遊戲	小毛驢編譯	130元
⑱整人遊戲	小毛驢編譯	120元
⑲有趣的超常識	柯素娥編譯	130元
⑳哦！原來如此	林慶旺編譯	130元
㉑趣味競賽100種	劉名揚編譯	120元
㉒數學謎題入門	宋釗宜編譯	150元
㉓數學謎題解析	宋釗宜編譯	150元
㉔透視男女心理	林慶旺編譯	120元
㉕少女情懷的自白	李桂蘭編譯	120元
㉖由兄弟姊妹看命運	李玉瓊編譯	130元
㉗趣味的科學魔術	林慶旺編譯	150元
㉘趣味的心理實驗室	李燕玲編譯	150元
㉙愛與性心理測驗	小毛驢編譯	130元
㉚刑案推理解謎	小毛驢編譯	130元
㉛偵探常識推理	小毛驢編譯	130元
㉜偵探常識解謎	小毛驢編譯	130元
㉝偵探推理遊戲	小毛驢編譯	130元
㉞趣味的超魔術	廖玉山編著	150元
㉟趣味的珍奇發明	柯素娥編著	150元

•健 康 天 地•電腦編號 18

①壓力的預防與治療	柯素娥編譯	130元
②超科學氣的魔力	柯素娥編譯	130元
③尿療法治病的神奇	中尾良一著	130元
④鐵證如山的尿療法奇蹟	廖玉山譯	120元
⑤一日斷食健康法	葉慈容編譯	120元
⑥胃部強健法	陳炳崑譯	120元
⑦癌症早期檢查法	廖松濤譯	130元
⑧老人痴呆症防止法	柯素娥編譯	130元

⑨松葉汁健康飲料	陳麗芬編譯	130元
⑩揉肚臍健康法	永井秋夫著	150元
⑪過勞死、猝死的預防	卓秀貞編譯	130元
⑫高血壓治療與飲食	藤山順豐著	150元
⑬老人看護指南	柯素娥編譯	150元
⑭美容外科淺談	楊啟宏著	150元
⑮美容外科新境界	楊啟宏著	150元
⑯鹽是天然的醫生	西英司郎著	140元
⑰年輕十歲不是夢	梁瑞麟譯	200元
⑱茶料理治百病	桑野和民著	180元
⑲綠茶治病寶典	桑野和民著	150元
⑳杜仲茶養顏減肥法	西田博著	150元
㉑蜂膠驚人療效	瀨長良三郎著	150元
㉒蜂膠治百病	瀨長良三郎著	150元
㉓醫藥與生活	鄭炳全著	160元
㉔鈣聖經	落合敏著	180元
㉕大蒜聖經	木下繁太郎著	160元

•實用女性學講座• 電腦編號 19

①解讀女性內心世界	島田一男著	150元
②塑造成熟的女性	島田一男著	150元

•校 園 系 列• 電腦編號 20

①讀書集中術	多湖輝著	150元
②應考的訣竅	多湖輝著	150元
③輕鬆讀書贏得聯考	多湖輝著	150元
④讀書記憶秘訣	多湖輝著	150元
⑤視力恢復！超速讀術	江錦雲譯	160元

•實用心理學講座• 電腦編號 21

①拆穿欺騙伎倆	多湖輝著	140元
②創造好構想	多湖輝著	140元
③面對面心理術	多湖輝著	140元
④偽裝心理術	多湖輝著	140元
⑤透視人性弱點	多湖輝著	140元
⑥自我表現術	多湖輝著	150元
⑦不可思議的人性心理	多湖輝著	150元
⑧催眠術入門	多湖輝著	150元

⑨責罵部屬的藝術	多湖輝著	150元
⑩精神力	多湖輝著	150元
⑪厚黑說服術	多湖輝著	150元
⑫集中力	多湖輝著	150元
⑬構想力	多湖輝著	150元
⑭深層心理術	多湖輝著	160元
⑮深層語言術	多湖輝著	160元
⑯深層說服術	多湖輝著	180元

・超現實心理講座・電腦編號 22

①超意識覺醒法	詹蔚芬編譯	130元
②護摩秘法與人生	劉名揚編譯	130元
③秘法！超級仙術入門	陸　明譯	150元
④給地球人的訊息	柯素娥編著	150元
⑤密教的神通力	劉名揚編著	130元
⑥神秘奇妙的世界	平川陽一著	180元

・養 生 保 健・電腦編號 23

①醫療養生氣功	黃孝寬著	250元
②中國氣功圖譜	余功保著	230元
③少林醫療氣功精粹	井玉蘭著	250元
④龍形實用氣功	吳大才等著	220元
⑤魚戲增視強身氣功	宮　嬰著	220元
⑥嚴新氣功	前新培金著	250元
⑦道家玄牝氣功	張　章著	180元
⑧仙家秘傳袪病功	李遠國著	160元
⑨少林十大健身功	秦慶豐著	180元
⑩中國自控氣功	張明武著	220元

・社會人智囊・電腦編號 24

①糾紛談判術	清水增三著	160元
②創造關鍵術	淺野八郎	150元
③觀人術	淺野八郎	180元

・精 選 系 列・電腦編號 25

①毛澤東與鄧小平	渡邊利夫等著	280元

・心靈雅集・電腦編號00

①禪言佛語看人生	松濤弘道著	180元
②禪密教的奧秘	葉逯謙譯	120元
③觀音大法力	田口日勝著	120元
④觀音法力的大功德	田口日勝著	120元
⑤達摩禪106智慧	劉華亭編譯	150元
⑥有趣的佛教研究	葉逯謙編譯	120元
⑦夢的開運法	蕭京凌譯	130元
⑧禪學智慧	柯素娥編譯	130元
⑨女性佛教入門	許俐萍譯	110元
⑩佛像小百科	心靈雅集編譯組	130元
⑪佛教小百科趣談	心靈雅集編譯組	120元
⑫佛教小百科漫談	心靈雅集編譯組	150元
⑬佛教知識小百科	心靈雅集編譯組	150元
⑭佛學名言智慧	松濤弘道著	180元
⑮釋迦名言智慧	松濤弘道著	180元
⑯活人禪	平田精耕著	120元
⑰坐禪入門	柯素娥編譯	120元
⑱現代禪悟	柯素娥編譯	130元
⑲道元禪師語錄	心靈雅集編譯組	130元
⑳佛學經典指南	心靈雅集編譯組	130元
㉑何謂「生」　阿含經	心靈雅集編譯組	150元
㉒一切皆空　般若心經	心靈雅集編譯組	150元
㉓超越迷惘　法句經	心靈雅集編譯組	130元
㉔開拓宇宙觀　華嚴經	心靈雅集編譯組	130元
㉕真實之道　法華經	心靈雅集編譯組	130元
㉖自由自在　涅槃經	心靈雅集編譯組	130元
㉗沈默的教示　維摩經	心靈雅集編譯組	150元
㉘開通心眼　佛語佛戒	心靈雅集編譯組	130元
㉙揭秘寶庫　密教經典	心靈雅集編譯組	130元
㉚坐禪與養生	廖松濤譯	110元
㉛釋尊十戒	柯素娥編譯	120元
㉜佛法與神通	劉欣如編著	120元
㉝悟（正法眼藏的世界）	柯素娥編譯	120元
㉞只管打坐	劉欣如編譯	120元
㉟喬答摩・佛陀傳	劉欣如編著	120元
㊱唐玄奘留學記	劉欣如編譯	120元
㊲佛教的人生觀	劉欣如編譯	110元
㊳無門關（上卷）	心靈雅集編譯組	150元

㊴無門關（下卷）	心靈雅集編譯組	150元
㊵業的思想	劉欣如編著	130元
㊶佛法難學嗎	劉欣如著	140元
㊷佛法實用嗎	劉欣如著	140元
㊸佛法殊勝嗎	劉欣如著	140元
㊹因果報應法則	李常傳編	140元
㊺佛教醫學的奧秘	劉欣如編著	150元
㊻紅塵絕唱	海　若著	130元
㊼佛教生活風情	洪丕謨、姜玉珍著	220元
㊽行住坐臥有佛法	劉欣如著	160元
㊾起心動念是佛法	劉欣如著	160元

・經　營　管　理・電腦編號01

◎創新經營管理六十六大計（精）	蔡弘文編	780元
①如何獲取生意情報	蘇燕謀譯	110元
②經濟常識問答	蘇燕謀譯	130元
③股票致富68秘訣	簡文祥譯	100元
④台灣商戰風雲錄	陳中雄著	120元
⑤推銷大王秘錄	原一平著	100元
⑥新創意・賺大錢	王家成譯	90元
⑦工廠管理新手法	琪　輝著	120元
⑧奇蹟推銷術	蘇燕謀譯	100元
⑨經營參謀	柯順隆譯	120元
⑩美國實業24小時	柯順隆譯	80元
⑪撼動人心的推銷法	原一平著	150元
⑫高竿經營法	蔡弘文編	120元
⑬如何掌握顧客	柯順隆譯	150元
⑭一等一賺錢策略	蔡弘文編	120元
⑯成功經營妙方	鐘文訓著	120元
⑰一流的管理	蔡弘文編	150元
⑱外國人看中韓經濟	劉華亭譯	150元
⑲企業不良幹部群相	琪輝編著	120元
⑳突破商場人際學	林振輝編著	90元
㉑無中生有術	琪輝編著	140元
㉒如何使女人打開錢包	林振輝編著	100元
㉓操縱上司術	邑井操著	90元
㉔小公司經營策略	王嘉誠著	100元
㉕成功的會議技巧	鐘文訓編譯	100元
㉖新時代老闆學	黃柏松編著	100元
㉗如何創造商場智囊團	林振輝編譯	150元

㉘十分鐘推銷術	林振輝編譯	120元
㉙五分鐘育才	黃柏松編譯	100元
㉚成功商場戰術	陸明編譯	100元
㉛商場談話技巧	劉華亭編譯	120元
㉜企業帝王學	鐘文訓譯	90元
㉝自我經濟學	廖松濤編譯	100元
㉞一流的經營	陶田生編著	120元
㉟女性職員管理術	王昭國編譯	120元
㊱ＩＢＭ的人事管理	鐘文訓編譯	150元
㊲現代電腦常識	王昭國編譯	150元
㊳電腦管理的危機	鐘文訓編譯	120元
㊴如何發揮廣告效果	王昭國編譯	150元
㊵最新管理技巧	王昭國編譯	150元
㊶一流推銷術	廖松濤編譯	150元
㊷包裝與促銷技巧	王昭國編譯	130元
㊸企業王國指揮塔	松下幸之助著	120元
㊹企業精銳兵團	松下幸之助著	120元
㊺企業人事管理	松下幸之助著	100元
㊻華僑經商致富術	廖松濤編譯	130元
㊼豐田式銷售技巧	廖松濤編譯	120元
㊽如何掌握銷售技巧	王昭國編著	130元
㊿洞燭機先的經營	鐘文訓編譯	150元
52新世紀的服務業	鐘文訓編譯	100元
53成功的領導者	廖松濤編譯	120元
54女推銷員成功術	李玉瓊編譯	130元
55ＩＢＭ人才培育術	鐘文訓編譯	100元
56企業人自我突破法	黃琪輝編著	150元
58財富開發術	蔡弘文編著	130元
59成功的店舗設計	鐘文訓編著	150元
61企管回春法	蔡弘文編著	130元
62小企業經營指南	鐘文訓編譯	100元
63商場致勝名言	鐘文訓編譯	150元
64迎接商業新時代	廖松濤編譯	100元
66新手股票投資入門	何朝乾　編	180元
67上揚股與下跌股	何朝乾編譯	180元
68股票速成學	何朝乾編譯	180元
69理財與股票投資策略	黃俊豪編著	180元
70黃金投資策略	黃俊豪編著	180元
71厚黑管理學	廖松濤編譯	180元
72股市致勝格言	呂梅莎編譯	180元
73透視西武集團	林谷燁編譯	150元

國立中央圖書館出版品預行編目資料

正確護髮美容法/山崎伊久江著；陳明智譯，
——初版，——臺北市；大展，民84
面；　　公分，——（婦幼天地；26）
譯自：間違いだらけのヘアケア美容法
INS　957－557－521－0（平裝）

1. 毛髮　2. 美容

424.5　　　　84004063

MACHIGAIDARAKE NO HEAKEA BIYOHO
by Ikue Yamazaki

正確護髮美容法

ISBN　957-557-521-0

原著者/山崎伊久江
編譯者/陳　明　智
發行人/蔡　森　明
出版者/大展出版社有限公司
社　址/台北市北投區（石牌）致遠一路2段12巷1號
電　話/（02）8236031·8236033
傳　眞/（02）8272069
郵政劃撥/0166955-1
登記證/局版臺業字第2171號

法律顧問/劉　鈞　男　律師
承印者/國順圖書印刷公司
裝　訂/嶸興裝訂有限公司
排版者/宏益電腦排版有限公司
電　話/（02）5611592
初　版/1995年（民84年）5月
定　價/180元

大展好書 好書大展